人工智能：

新时代新格局新商业

黄建朗◎著

中国商业出版社

图书在版编目（CIP）数据

人工智能：新时代新格局新商业 / 黄建朗著 . --
北京：中国商业出版社，2022.4
ISBN 978-7-5208-1969-5

Ⅰ. ①人… Ⅱ. ①黄…… Ⅲ. ①人工智能 - 研究 Ⅳ.
① TP18

中国版本图书馆 CIP 数据核字（2021）第 245302 号

责任编辑：滕　耘

中国商业出版社出版发行
（www.zgsycb.com　100053　北京广安门内报国寺 1 号）
总编室：010-63180647　编辑室：010-83118925
发行部：010-83120835/8286
新华书店经销
三河市龙大印装有限公司印刷
*
710 毫米 ×1000 毫米　16 开　13.25 印张　160 千字
2022 年 4 月第 1 版　2022 年 4 月第 1 次印刷
定价：60.00 元
* * * *
（如有印装质量问题可更换）

前言 PREFACE

当前，智能家居、智能机器人、虚拟偶像的发展无疑证明了人工智能的强大势能。而人工智能的应用远不止如此，还广泛应用于制造、教育、金融、营销、医疗、社交娱乐等多个领域，全面进入并影响着我们的工作和生活。

人工智能的发展是大势所趋，政策的支持、资本的进入、消费者的欢迎，以及5G、大数据、区块链等技术的发展都推动了人工智能的发展。当然，人工智能当前存在的诸多阻碍也将在未来各种先进技术的融合应用中得到解决。人工智能的发展之路是曲折的，但前景却是光明的。

在这一大趋势下，无论是个人，还是企业，都要做好迎接人工智能时代到来的准备。目前，许多人对人工智能的理解还存在欠缺，一些企业想进行人工智能的研发和实践也不知如何下手。针对这一问题，本书就对人工智能的基本理论、现实图景、创新突破以及人工智能在各个领域的应用进行全面的讲解，以引导人们更好地了解人工智能，并做好人工智能技术的实践工作。

本书以输出人工智能相关的知识为目的，着眼于人工智能的发展，人工智能在制造、教育、金融、营销、医疗、社交娱乐、生活等多个领域的商业落地，以及对人工智能带来的一系列影响和变革进行详细说明。

本书力求浅显直白，清晰地讲解能够解决实际问题的途径和方法，目的就是要让读者在轻松愉悦的氛围中学到真正有用的东西。此外，在本书中还编排了大量的案例和图表，一方面便于读者理解书中内容，另一方面能让读者在阅读的过程中不至于因为太多的文字而感到枯燥。

总之，通过对本书的阅读，读者可以迅速领略到人工智能及其应用的真谛，从而更好地迎接人工智能时代的到来。对于广大读者来说，不仅可以学习到人工智能的相关知识，也可以激励自己不断探索、不断前行。

目录 CONTENTS

第1章

基础概述：人工智能的进击之路

当前，人工智能已经成为科技革命和产业变革的核心力量，覆盖的领域越来越广泛，渗透速度也越来越快。与此同时，新技术、新产品的大量涌现，成为传统产业升级和商业模式变革的重要驱动因素。在这样的大环境下，人工智能的价值日益凸显，吸引了更多人的关注。

1.1 人工智能市场现状

作为当前时代的浪潮和重要风口，人工智能市场蕴含着新的机会和巨大的潜力。商业巨头们自然不会错过这样的机会，竞相向人工智能领域进军，致力于人工智能技术研发、落地应用探索和融资，人工智能市场可谓是呈现出火热发展的态势。在技术层面，深度学习算法成为热点；在应用层面，融合各种人工智能技术的智能机器人纷纷涌现；在融资层面，获得融资的人工智能企业越来越多，单笔融资金额也越来越大。

1.1.1 技术层面：深度学习算法是当下的热点

人工智能的发展离不开深度学习算法的支撑，在了解深度学习算法之前，我们首先需要了解什么是机器学习算法。

机器学习算法是人工智能的核心，其目的是设计一些让计算机实现自学的算法。下面以制作一个识别猫的程序为例。如果我们想让计算机识别出猫这种动物，就需要输入一系列指令，如猫有毛茸茸的毛、三角形的耳朵等，然后计算机就会依据这些指令进行识别。但是这种识别是不精准的，程序很可能会将其他满足指令条件的动物识别成猫。因此，更好的方式是实现机器自学。

我们可以为计算机提供各种猫的照片，让系统自己查看并分析这些照片。在一遍一遍的实践中，系统会不断地学习并更新认知，最终准确地判断出哪些动物是猫。

深度学习算法是机器学习算法的子类。它会模拟人类大脑的工作方式，利用深度神经网络对数据进行分析，同时进行更自然的表达。深度学习算法能够模仿人脑的机制，能够更科学地解释数据。

人工智能的目的是让计算机能够像人一样思考，而作为人工智能的核心技术，深度学习算法就是一种研究计算机怎样模拟人类的学习行为，以获取新知识、不断提升计算机技能的技术。

相比于传统的机器学习算法，深度学习算法更加智能，其应用也让我们的生活更加智能化。在很多方面，深度学习算法都表现得十分耀眼，下面主要介绍 3 个典型的方面（见图 1–1）。

图 1-1　深度学习算法的 3 个典型应用

1. 计算机视觉

通过深度学习算法的训练和学习，计算机能够更加准确地检测出图片里的目标，实现精准识别。例如，当一张照片里有一条狗、一辆自行车、一辆汽车时，系统能够同时准确地识别出不同的主体。

2. 自然语言处理

深度学习算法在自然语言处理方面更加智能。以机器翻译为例，传统的机器翻译模型是基于统计分析形成的模型，在语言的逻辑表达方面存在欠缺。而基于深度学习的机器翻译能够更加顺畅地表达内容。

3. 强化学习

基于深度学习的计算机能够通过自我模拟、自我训练，学习到更好的战略。例如，由谷歌研发的深度学习人工智能程序“阿尔法围棋”就通过其掌握的围棋规则和战略，击败了一众围棋高手。

随着深度学习算法的发展和普及应用，更多智能程序将会出现，应用于图片、视频识别，机器翻译，自动驾驶等更多领域。基于深度学习的智能机器人也将得到更好的发展，代替人们完成更多的工作。

1.1.2 应用层面："AI+"与智能机器人占主导

在人工智能领域，智能机器人是应用其技术最早的，也是最为广泛的。智能机器人装有传感器装置，能够收集到现实世界的光、温度、声音、距离等数据。随着数据的不断积累，智能机器人能够越来越多地执行人类给出的任务。

由于拥有高效的处理器、多项传感装置与强大的深度学习能力，智能机器人在处理任务的过程中，可以从简单的、烦琐型工作中吸取经验来适应新的环境，在不断的学习中提升自己的能力，最终能够适应更复杂、更具难度的工作。

基于这一能力，人工智能技术拥有广阔的应用前景，各大互联网企业也纷纷入局，以技术研发、智能机器人设计等为切入点，推动人工智能在更多领域的应用。人工智能的商业化发展，将更高效地帮助人类更优质地完成部分工作，让人类将更多的精力专注于更高价值的任务上。

微软公司就看到了人工智能的闪光点，投入了大量资金在这一领域进行深入探索。微软公司利用领先的人工智能技术，从教育、社交、医疗与环境等维度打造智能机器人，帮助社会各行业做智能化的改革升级。

除了微软之外，谷歌、百度、科大讯飞等企业也在积极布局"AI+"智能机器人领域，智能机器人的应用已成趋势。

1.1.3 融资层面：单笔金额逐渐增大

人工智能已经成为新的资本风口，众多人工智能企业都获得了资本的青睐。其中，比较典型的就是商汤科技。

商汤科技是我国在深度学习领域中技术强劲的企业，它聚集了深度学习领域，特别是计算机视觉领域内的诸多权威专家。商汤科技在人工智能领域有明显优势。例如，在人脸识别、图像识别、无人驾驶、视频分析以及医疗影像识别领域，商汤科技都有很大的话语权。这些先进技术基本上都在市场上得到了应用，而且市场占有率极高。

良好的发展势头自然也吸引了资本的注意。2017 年 7 月，商汤科技成功融资 4.1 亿美元，创下当时的全球人工智能领域最高融资额的纪录。

而发展至今，AI 领域的投资热潮依然不减。2020 年末，人工智能平台与技术服务提供商第四范式获得了 7 亿美元的 D 轮融资，是 2020 年度我国 AI 领域单笔额度最大的一笔融资。融资之后，第四范式将会加速重点产业布局，培养人工智能尖端产业人才。

从商汤科技的 4.1 亿美元，到第四范式的 7 亿美元，人工智能领域的单笔融资金额正在不断增大。而这也反映了人工智能融资市场的趋势，虽然每家企业的融资金融有多有少，但整体来看，人工智能领域呈现出单笔融资金额不断增大的趋势。

1.2 人工智能标签：引擎 VS 价值

对于人工智能而言，神经网络算法是它的引擎，能够提升其智能性。而从人工智能的价值来看，无论是“弱”人工智能还是“强”人工智能，都会极大地改变人们的工作和生活，为人们提供巨大的价值。

1.2.1 引擎：神经网络算法提升 AI 能力

神经网络算法是一种更智能的算法，它能够让计算机模拟人脑进行相关的计算与分析，能够全面提升 AI 的自主学习能力，能够进行合理的推理，同时还具备超强的记忆能力。神经网络算法无疑是深度学习算法的引擎。

神经网络算法的研究基于一次偶然，是一个跨学科的产物。罗森 · 布拉特教授是第一个把神经网络算法应用到 AI 领域的科学家。他虽然是康奈尔大学的一位心理学教授，但是他对计算机也有着深入的研究。

1958 年，罗森 · 布拉特教授成功地制作出第一台电子感知机。因为这台电子感知机能够识别简单的字母和图像，所以在社会上引起了强烈的反响。另外，当时的一些专家还预测到，在未来计算机会有更强大的智能行为。他们的这些预言，目前基本上已经实现。

整体来看，分布式表征思想是神经网络算法的一个核心思想。因为大脑对事物的理解并不是单一的，而是分布式的、全方位的。

而且神经网络算法的结构非常多元，这里以最常见的 5 种结构为例进行简单的说明，如图 1–2 所示。

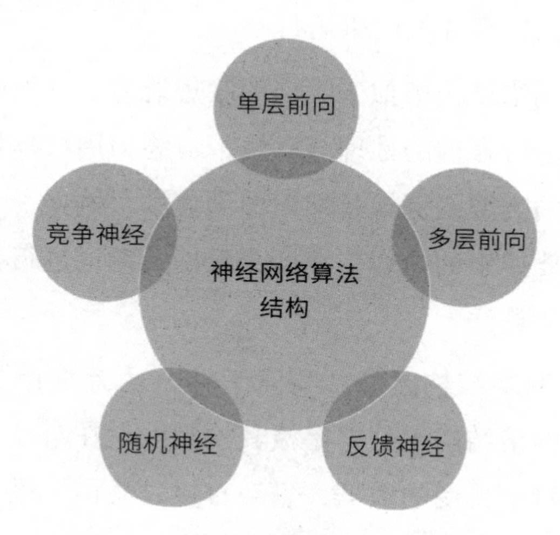

图 1-2　神经网络算法的 5 种结构

单层前向网络结构与多层前向网络结构的差别在于层级数量的差别。多层前向网络结构中包含更多的“神经元”隐含层。在 AI 科学领域，神经网络算法隐含层的层数，能够直接决定它对数据的描摹刻画能力。如果“隐含层”的层级越多，那么它的智能程度也就越高。所以，多层前向网络结构会比单层前向网络结构的分析能力与计算能力强很多。

但是，多层前向神经网络结构的运行效率相对低。因为它的层数越多，它的运行时间就会越长，对运行时所需要的计算能力的要求也就会越高。为了增加多层前向神经网络结构的运行速度，提升它的运行效率，许多 AI 科研机构都会研发设计更高效的图形处理器（Graphics Processing Unit，GPU）系统来进行维护。

反馈神经网络结构能够及时对用户的数据进行反馈，或者智能分析刚刚优化处理后的数据，不断地循环往复，最终向用户输出最精准的数据。这类似于一个自净系统，总是能够智能排除系统内的“有害数据”，保持系统的健康运行。

随机神经网络结构类似于大脑的联想能力，它能够根据捕捉到的相关信息，进行合理的推理与联想，最终为用户提供最为全面的数据信息。它的典型案例就是知识图谱技术，例如，当我们在百度中键入自己想要搜索的内容，百度会根据关键词进行拓展，为我们提供最全面的信息。

竞争神经网络结构遵从“物竞天择，适者生存”这一自然法则。竞争神经网络结构对数据是极其挑剔的，在对复杂的数据进行智能分析时，对于无用的数据，它会直接过滤掉，最终只保留对用户最有价值的数据，然后提供给用户。

如今，神经网络算法又向前迈了一大步。该算法不仅能够使机器具备“自主思维”能力，而且能够让它们拥有“抽象概括”能力。科学的发展是无止境的，相关的 AI 科学家也正努力再攀高峰，使机器更加智能，使我们的生活更加美好。

1.2.2 价值：弱人工智能不弱，强人工智能难强

人工智能共分为 3 种形态：弱人工智能形态、强人工智能形态、超人工智能形态，如图 1–3 所示。目前，科研人员在弱人工智能方面的研究已经取得了突破性成果，但人工智能方面的研究仍存在极大的发展空间。

图 1-3　人工智能的 3 种形态

1. 弱人工智能

弱人工智能只能进行某一项特定的工作，因此，弱人工智能也被称为应用人工智能。弱人工智能没有自主意识，也不具备逻辑推理能力，只能够根据预设好的程序完成任务。例如苹果公司研发的 Siri 就是弱人工智能的代表，其只能通过预设程序完成有限的操作，并不具备任何的自我意识。

2. 强人工智能

理论上来说，强人工智能指的是有自主意识、能够独立思考的近似人类的人工智能，其主要具有以下几种能力。

（1）独立思考能力，能够解决预设程序之外的突发问题。

（2）学习能力，能够进行自主学习和智慧进化。

（3）自主意识，对于事物能够做出主观判断。

（4）逻辑思考和交流能力，能够与人类进行正常交流。

强人工智能的研发将会是科研人员的长久课题，而强人工智能为人们的生活带来的影响也会更加深刻。

3. 超人工智能

超人工智能在各方面的表现都将远超强人工智能。超人工智能具有复合能力，在语言、运动、知觉、社交及创造力方面都会有出色的表现。

超人工智能是在人类智慧的基础上进行升级进化的超级智能。相比于强人工智能，超人工智能不仅拥有自主意识和逻辑思考的能力，而且能够在学习中不断提升自身的智能水平。

不过，对于人工智能的研究现在还处于弱人工智能向强人工智能的过渡阶段。而在强人工智能的研究中，科研人员依旧面临着诸多挑战：一方面，强人工智能的智慧模拟无法达到人类大脑的精密性和复杂性；另一方面，强人工智能的自主意识研究也是亟须攻克的难题。

虽然从弱人工智能向强人工智能的转化还有很长的路要走，但可以预见的是，人工智能今后将沿云端人工智能、情感人工智能和深度学习人工智能这几个方面发展。

云计算和人工智能的结合可以将大量的人工智能运算成本转入云平台，不仅能有效地降低人工智能的运行成本，而且能让更多人享受到人工智能技术带来的便利。情感人工智能可以通过对人类表情、语气和情感变化的模拟，更好地对人类的情感进行认识、理解和引导，这在未来势必会成为人类的虚拟助手。深度学习是人工智能发展的重要趋势，具有深度学习能力的人工智能能够通过学习实现自我提升。

如今，弱人工智能已经足够辅助人们进行一些工程作业，随着人工智能的不断进化，未来强人工智能甚至超人工智能能够更深刻地改变和影响人们的生活，为人类提供不一样的价值。

1.3 关于人工智能，不可不知的 3 个问题

在探讨人工智能时，人们对它有多方面的疑问，如人工智能的灵魂是什么、人工智能能否超越人类智慧、深度学习是“深”还是“浅”等。对于这些问题的思考，能够加深我们对于人工智能的理解。

1.3.1 “智能”是人工智能的灵魂

人工智能究竟是什么？图灵奖得主马文·明斯基认为“让机器做本需要人的智能才能够做到的事情的一门科学就是人工智能”；而图灵奖和诺贝尔奖双项得主司马贺则认为“智能是对符号的操作，而最原始的符号对应于物理客体”。

不同的研究者对人工智能或许存在不同的见解和定义，但无论研究者对人工智能如何定义，不可否认的一点是，“智能”才是人工智能的灵魂。

人类对“智能”的了解全部来自人类自身，所以人工智能也是相对于人类的智能而言。根据人类的智能活动特征，人工智能的智能化表现可以用“三部曲”表示：通过感知寻找认知，然后进行决策，即“运算智能”“感知智能”“认知智能”3 个层面，如图 1–4 所示。

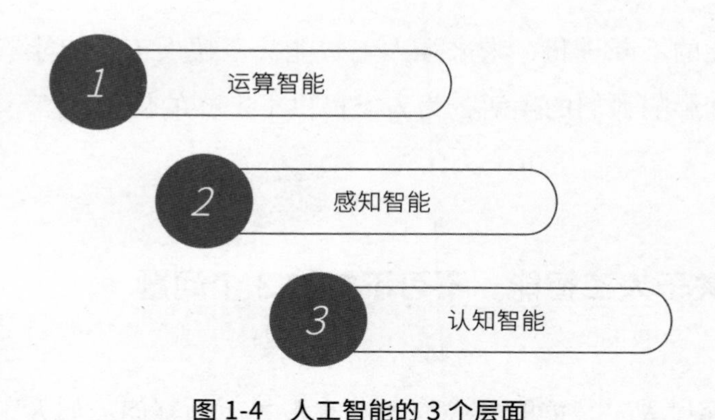

图 1-4 人工智能的 3 个层面

1. 运算智能

运算智能是指计算机进行快速计算和存储信息的能力。这是人工智能进行机器学习的基础。目前，计算机的运算智能已经十分出色，深蓝打败当时的国际象棋冠军卡斯帕罗夫，阿尔法围棋打败李世石、柯洁，横扫中外围棋高手等事例，都是人工智能具有出色的运算智能的体现。

2. 感知智能

人工智能的感知智能即视觉、触觉等感知能力，包括语音的收入、面部识别等具体领域。各种智能感知能力是实现和外界进行交互的窗口，例如自动驾驶汽车的激光雷达等设备就是实现感知智能的设备。

3. 认知智能

认知智能，简单来说就是“能理解会思考”。机器的认知智能表现在对知识的不断理解、学习上，是人工智能中最难的环节。举例来说，智伴科技旗下的班尼儿童成长机器人能做到“能理解会思考”，当用户提出一个它不懂的问题并告诉它正确的答案，那么第二次再遇到这个问题，它就能很好地处理。这种自主学习的能力即认知智能的体现。

人工智能的独特之处在于智能化。智能使人脑的部分功能在电脑中体现出来，对某些场景能够做出自主决策。随着技术的进步，人工智能逐渐从类人行为模式（模拟行为结果）发展到类人思维模式（模拟大脑运作），甚至向泛智能模式（不再局限于模拟人）发展，如图 1–5 所示。人工智能的内涵正在不断扩大，但核心依旧是“智能”二字。

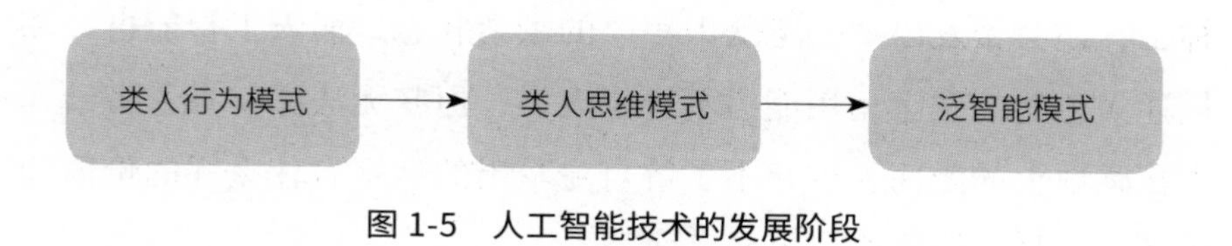

图 1-5　人工智能技术的发展阶段

1.3.2　人工智能能够超越人类智慧吗

人工智能的时代正在到来，并在越来越多的领域显示出比人类更强大的能力。

实际上，对于人工智能超越人类的担忧，可以从两方面来解决：一是科技和人类的关系；二是人工智能的本质特点。

一方面，从科技和人类的关系来看，自人类出现以来，追求科技的步伐从未止步。从远古时期的石器到现在的智能手机，每种工具都拥有人类自身无法超越的地方。但人类并未被工具打败，而是充分利用工具推动人类历史的发展。人类和高科技一直都处于各司其职的平衡状态，共同推动社会的进步，人工智能自然也不例外。

另一方面，人工智能的本质特点是对人类思维的信息过程的模拟。即使人工智能在某些方面超过人类的生物极限，但无法取代人类的大脑完成和人类一样的意识过程。换句话说，人工智能是思维模拟，而非具有思维本身。因此，仅凭人工智能模拟人类思维就认为其可以超过人脑思维是不科学的。

人工智能究竟是因为什么而无法超越人类智慧呢？其核心就在于人类具有感性思维。例如面对泰山，人类除了惊叹大自然的鬼斧神工，还会激发出“一览众山小”的豪情壮志。而人工智能也许在描述景色时的文字运用能力不逊于人类，但其无法感知景色带给人类在感情上的激荡，也并不了解自身写出的文字有什么样的价值和意义，只是根据算法写出文字而已。

算法足够精妙，学习的轮数足够多，人工智能的能力就可能超过人类。但这些学习和模仿都是基于逻辑上的模仿，不具有人类自身的感性思维，人类和人工智能具有本质的差异。

人工智能是充分模仿人类行为出现的科技产物，人工智能表现出超凡的实力时也带来人类的恐慌。但只要明白人工智能在本质上还是人类创造出的另一类工具，与人类自身存在本质差距，更不能超越人类的智慧，这些恐慌自然而然就会消失。

1.3.3 深度学习是“深”还是“浅”

深度学习的概念由深度学习之父杰弗里·辛顿（Geoffrey Hinton）等人提出。当时，研究人员普遍希望找到一种方式让计算机能够实现“机器学习”，即用算法自主解析数据，不断学习数据，对外界的事物和指令有所总结和判断。实践结果表明，深度学习算法是实现“机器学习”目的的方法。

在实现“机器学习”这一目的时，研究人员不必亲自考虑所有的情况，也不用编写具体的解决问题的算法，而是在深度学习算法的支持下，通过大量的实践和数据资料“训练”机器，使机器在面对某些情况时可以自主判断和决策，然后完成任务。

深度学习、机器学习、数据挖掘和人工智能四者之间的关系，如图 1–6 所示。

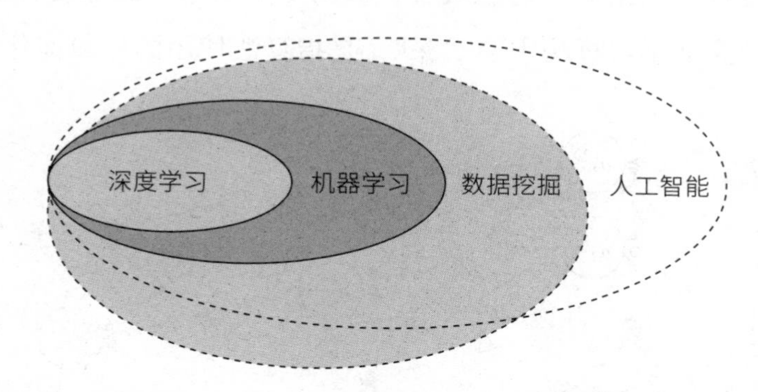

图 1-6 深度学习、机器学习、数据挖掘和人工智能四者之间的关系

深度学习概念中的“深度”二字是对程度的形容，是相对之前的机器学习算法而言。深度学习算法在运算层次上更加有逻辑力和分析能力，更加的智能化。

深度学习是神经网络算法的继承和发展。传统的神经网络算法包含输入层、隐藏层与输出层，如图 1–7 所示，是一个非常简单的计算模型。

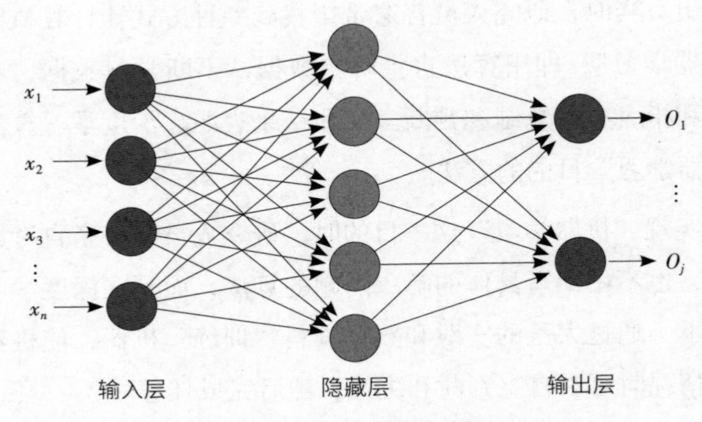

图 1-7 传统神经网络算法的结构

深度神经网络有多层隐藏层，如图 1–8 所示，以深度神经网络为基础的深度学习算法中的“深”，是指算法使用的层数深化。

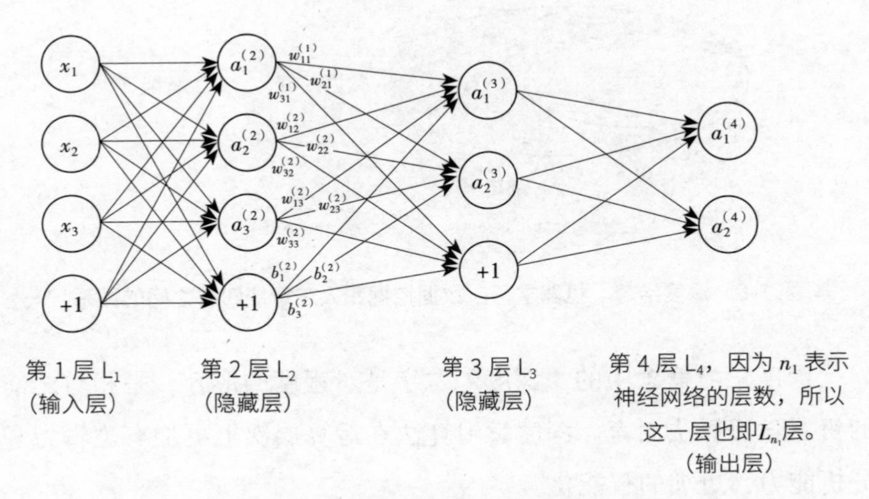

图 1-8 深度学习算法包含多层“隐藏层”

通常情况下，深度学习算法中的“隐藏层”至少有 7 层。“隐藏层”数量越多，算法刻画现实的能力就越强，最终得出的结果与实际情况就越符合，计算机的智能程度也就越高。

拥有深度学习的加持，人工智能在更广阔范围内得到了应用，同时也实现了应用升级。另外，通过深度学习，计算机能够将任务分拆，可以和各种类型的机器结合完成多种任务。拥有深度学习的帮助，人工智能终于实现根据相关条件进行“自主思考”的目标，完成研究者期待已久的研究任务。

1.4 人工智能 VS 人类

人工智能的发展势必会影响人类生活，那么人工智能将在哪些方面影响人类，又将会带来什么影响呢？

1.4.1 哪些职业容易被人工智能取代

在看科幻影视片时，我们经常会被其中的机器人震惊到，这些机器人似乎拥有着非常强大的“超能力”，可以担负起很多复杂的工作。而如果回到现实生活中，我们也可以发现，很多职业都正在甚至已经被人工智能取代。经过仔细的搜集和考证，最容易，也最有可能被人工智能取代的职业应该有 3 个特点，如图 1–9 所示。

图 1-9　容易被人工智能取代的职业的 3 个特点

1. 工作模式烦琐型

通常来讲，会计、金融顾问等金融领域的从业者都需要做烦琐的工作。以会计为例，他们不仅需要拟订经济计划、业务计划，还需要制定财务报表、计算和发放薪酬、缴纳各项税款等。而且如果在这个过程中出现失误，无论是会计，还是公司都要遭受损失。

然而，自从人工智能出现以后，这样的情况就有了明显改善。如对某信息科技有限公司研发的会计机器人进行测试时，测试人员接受了近 20 分钟的会计操作流程培训；然后，该测试人员花了 15 分钟将某公司的发票、薪酬发放等流水逐一录入会计机器人中；接着，会计机器人自动生成了记账凭证、资产负债表、利润表、会计账簿、国地税申报表等诸多数据和报表；最后，一名会计专业人员对这些数据和报表逐一进行核对，结果发现准确率已经达到了 100%，而且完全符合相关法律规定。

通过上述案例可以知道，会计机器人已经可以完成一些专业的会计工作，而这也就意味着，如果不及时做好能力提升，会计很有可能会被人工智能机器人代替。

2. 重体力型

提起重体力型的职业，很多人想到的应该是保姆、快递员、服务员、工人。如今，这4个职业也正在面临着被人工智能取代的风险。下面以保姆和快递员为例对此进行说明。

日本著名机器人研究所KOKORO曾经研制出一款仿真机器人，它除了可以像保姆那样完成一些打扫工作以外，还可以与主人进行简单交谈。

京东配送机器人除了在城市道路中间可以自主规避车辆以及行人，顺利将快递送到目的地以外，还可以通过京东App、短信等方式向收货客户传达快递即将送到的消息。而收货客户在取件时只需要输入提货码，即可打开京东配送机器人的快递仓，成功取走自己的快递。

当然，也有一些人工智能产品可以完成服务员和工人的工作。这也就表示，未来，需要做重体力工作的职业很有可能会被人工智能取代。

3. 无创意型

人们参与到工作中，并不是每一种职业都需要创意，例如，司机、客服等。自从人工智能出现以后，这些不需要创意的职业便遭受了很大的威胁。

以客服为例，智能客服机器人目前已经能够取代一部分人的工作。一方面，智能客服机器人可以精准地判断出客户的问题，并给出合适的解决方案；另一方面，如果遇到需要人工解答的问题，智能客服机器人还可以通过切换模式，让人类客服进行辅助回复。

从目前的情况来看，智能客服机器人已经在国内外多家公司得到了有效应用。例如，酷派商城、360 商城、巨人游戏、京东、唯品会、亚马逊等都拥有智能客服机器人。可以预见，当智能客服机器人越来越先进，数量也越来越多时，人工客服很有可能会被取代。

总之，工作模式烦琐型工作、重体力型工作、无创意型工作等很有可能被人工智能所取代，但这并不是一种威胁，人工智能的发展也会带来新的职业和岗位。整体而言，人工智能会将人们从烦琐、沉重的工作中解放出来，同时带给人们更加智能化的生活体验。

1.4.2　人工智能激发商业革命

随着辛顿教授提出人工智能深度学习的概念之后，人类就正式进入了人工智能发展的第三大热潮。人工智能正在激发一场新的商业革命，其商业化落地进程也在不断加快。目前，在视觉、语音识别与其他领域内取得小有成就的基础上，人工智能开始进入了突破瓶颈的前期。

经过了数十年的发展，不仅有谷歌、微软、百度等互联网巨头，还有多个新崛起的互联网新兴企业都选择加入人工智能领域的战场中来。随着人工智能技术的成熟以及被越来越多的大众接受，这一次商业革命也许会架起一座通往未来文明的桥梁。下面将举例分析，人工智能是如何在商业大海中激起层层浪花的。

1. 谷歌 WaveNet 可以合成更逼真的人声

谷歌的人工智能开发团队利用神经元网络，研究出一种可以直接拆解声源样本，整理出更精练的语言基础资料，再用这些资料直接模拟人声的系统。

该系统主要也是利用了人工智能深度学习的技术。当开发团队将大量的人类发声数据上传到 WaveNet 的内存中之后，它就可以模仿人类在不同口型或是换气时细微的声音，并且音调和语速与真人十分相似。此外，WaveNet 在智能合成声音的领域并不只会模仿人声，当开发人员将古典音乐数据上传到它的数据库时，它也能通过学习很快创作出质量比较好的古典音乐。

2.XPRIZE 联手 IBM 设立了“AI 2020”竞赛

提及人工智能，很多人都会想到一些电影中的猜想——人工智能野蛮地谋害了它的制造者、人工智能在某国国防大厦的阴暗角落里操控着整个国家等。为了改变这一不切实际的刻板印象，一个叫作 XPRIZE 的公司携手 IBM 举办了一场名叫“AI 2020”的挑战赛，探究人工智能对人类在实际场景方面的帮助和影响。

XPRIZE 公司还希望通过这场竞赛突破目前的人类极限，来关注当今社会中看似无法解决或者还没有明确解决途径的问题。挑战赛开始不久，参赛成员就提出了包括机器人、气候、健康、交通、医疗体系等面向各种社会问题的计划。除此之外，此次挑战赛吸引了各方面的人才。参赛团队除了包含人工智能领域的人才外，还包含科学、数学、语言学等多个领域的人才。这也就是说，这场竞赛不限制专业，只要参赛者能拿出研究成果，就能够参加此场竞赛。

在 XPRIZE 官方宣传上，表达了自己的意愿——希望通过“AI 2020”竞赛来催生新的行业，以及改革现有行业并为其带来持久的利益。另外，该公司也希望通过最终胜利的队伍向世界证明，那些疑难问题是可以被人工智能解决的，同时也能消除一些人对人工智能恐惧的幻想。

总而言之，无论是互联网巨头还是互联网新兴企业，都在积极进行人工智能的尝试，大家都在为突破人工智能的瓶颈而努力。未来，还将会出现各种各样的依托人工智能技术制造出的其他高科技产品。相信在不久之后，人工智能还会将商业革命再次推向巅峰。

1.4.3 解决人类难以解决的疑难问题

目前，人工智能在深度学习领域取得了重大的进展，当然在其发展过程中也解决了多年来人工智能领域内的多项疑难杂症。人工智能擅长分析高维数据中的复杂结构，因此它被广泛应用于科学、商业和政府等各个领域。同时，它还带动了社会服务行业的蓬勃发展，例如语音识别、人脸识别等服务。比如，在应对突然暴发的新冠肺炎疫情的防控攻坚战中，无论是在医院这类抗疫一线，还是在社区管控、疫苗研发等后方支持方面，人工智能都功不可没。

在此次“战役”中，人工智能技术在问诊导诊、病毒检测、辅助诊断、基因分析及数据预测方面都发挥了重要作用。以体温检测为例，为防止病毒在人群之间出现接触传播，在各类公共场所的工作人员完全可以不接触人群，只需要利用人工智能技术开发出的智能体温检测仪，就能快速地检测出体温异常者，实现了非接触性人员初筛方案，为广大人民群众带来了福音。

人工智能对疫情管控能力的赋能，是其对人类特殊价值体现的极具代表性的案例。得益于人工智能技术的发展，更加科学、智能的解决方案得以出现。相信在未来，人工智能依旧能帮助人类解决一个又一个的难题。

第2章

现实图景：机遇与挑战并存的时代

从理论上来说，人工智能技术能够解决当前社会中的许多问题；但从实践上来看，如果人工智能技术不能实现商业落地，不能以各种应用渗透到人们的生活中，那么其价值也会大打折扣。在人工智能技术发展和应用的过程中，既有机遇也有挑战，但不可否认的是，虽然人工智能发展的道路是曲折的，但其前景势必是光明的。

2.1 人工智能的机遇

当前，随着人工智能技术的火热发展，各大科技巨头纷纷试水人工智能领域；大数据、云计算、深度学习的进步也为人工智能的发展提供了技术支持，这些都是人工智能发展的机遇。

2.1.1　科技巨头纷纷入局

在人工智能火热发展的当下，众多科技巨头纷纷入局人工智能领域，寻找新的发展机遇，这无疑促进了人工智能的发展。例如，国内的百度、腾讯等业界巨头都在人工智能发展的早期，在很多领域进行了布局。

百度 CEO 李彦宏曾这样定义百度："今天的百度已经不再是一家互联网企业，而是一家人工智能企业，整个企业一切以 AI 为先，一切以 AI 思维来指导创新，AI 是百度的核心能力。"

百度集团总裁兼 COO 陆奇也谈道："我们正在进入人工智能的时代。人工智能的核心技术是通过数据来观察世界，通过数据来抽取知识，而这些技术对每一个传统行业都有很大程度的提升。"

当谈到百度布局 AI 战略时，陆奇表示，在 AI 领域，百度的核心是打造百度大脑。另外，百度会以 AI 核心技术打造新的业务。例如，以人工智能、大数据、云计算技术为支撑的百度云业务。同时，百度还推出智能金融服务业务、无人驾驶业务以及智能语音业务等。

腾讯也在积极进行 AI 战略布局。借助亿万用户的海量数据以及自身在互联网垂直领域的技术优势，腾讯广泛招揽全球范围内的顶尖 AI 科学家，在机器学习、计算机视觉、智能语音识别等领域进行深度研究。

目前，腾讯在 AI 领域已经孵化出了机器翻译、智能语音聊天、智能图像处理以及无人驾驶等众多项目。

2.1.2 大数据 + 云计算 + 深度学习

对于人工智能的发展而言，大数据、云计算和深度学习有着不可或缺的重要作用。

360 公司创始人周鸿祎认为："如果没有大数据的支撑，人工智能就是空中楼阁。"这就直接点明了大数据技术的重要性。大数据是人工智能发展的根基，如果缺乏大数据，那么人工智能的发展就会成为无水之源、无本之木。

人工智能专家李飞飞在谈及云计算时说道："云，能最大限度地让业界受益于人工智能。只有云平台可以让企业把它们的数据都放上来。只有云能让企业有机会通过数据、计算平台和人工智能的算法来解决它们的问题，增强它们的竞争力。"由此可见，云类似于计算机的大脑，云计算水平的提升，必将促使人工智能的进一步发展。

杰弗里·欣顿是 AI 深度学习领域的专家。在一次演讲中，他说道："深度学习以前不成功是因为缺乏三个必要前提：足够多的数据、足够强大的计算能力和设定好初始化权重。"

如今，随着计算机性能的提升，计算能力与数据存储、分析能力的加强，深度学习也有了长足的发展。

深度学习技术是对传统算法的优化升级。深度学习技术的应用，能够使计算机的智能取得质的飞跃。这些年，深度学习技术在 AI 领域有许多典型的应用，例如语音识别技术、计算机视觉以及机器翻译等。

大数据、云计算和深度学习技术的发展无疑推动了人工智能技术的发展，在人工智能以后的发展中，这些技术都会成为其发展的支撑和驱动力。

在 AI 发展的道路上，还要进一步发扬工匠精神，继续攻坚克难。科技工作者要用智慧钻研科技；政府部门要出台对 AI 发展更有利的政策；AI 产品的商业落地团队，则要深入生活、深入实践，找出 AI 落地的突破口。只有社会各界各司其职、协同配合，AI 科技才能够真正地点亮我们的生活。

2.2 人工智能的挑战

目前，人工智能的发展虽然已经取得了不小的成就，但距离广泛的商业落地还有很大的差距。人工智能在落地应用方面还面临着严峻的挑战，例如难以实现规模化商业落地、步入家居生活的速度较慢、难以突破重重行业障碍等。

2.2.1 难以实现规模化商业落地

随着人工智能越来越受到人们的关注，人们对人工智能的要求也发生变化。例如，企业希望人工智能能够实现规模化落地，让消费者触手可及，从而为人类创造价值。

在这个大数据时代，企业只有提升运行效率，为人们提供更完善的服务，才能满足消费者日益增长的需求，而人工智能可以帮助企业更高效地开展业务。例如，媒体网站使用人工智能系统可以进行重量级的推荐，从而获取大量用户。今日头条就是最好的例子，人工智能系统在帮助今日头条获取忠实用户的操作上，起着不可忽视的作用。

然而，在目前的市场上，只有少数企业能够通过人工智能的应用获得回报。就目前的状况而言，人工智能暂时难以实现规模化商业落地的原因主要有 3 个，如图 2–1 所示。

图 2-1　人工智能暂时难以实现规模化商业落地的 3 个原因

1. 成本

人工智能大潮的出现，让人们看到了人工智能发展的机遇，众多企业纷纷投入大量的资金对人工智能进行研发。然而研发人工智能的成本很高，对于不少企业来说是一个沉重的负担，最后只能望而却步。关于人工智能的研发成本，李彦宏曾说："百度每年把 15% 的营收用于研发，大约为人民币 100 亿元，而研发内容大多都与 AI 有关。"而对于很多企业而言，即使决心进行人工智能的研发，也很难投入年营收的 15% 进行研发尝试。

此外，即使研发人工智能的时候已经投入重金，这也不是企业需要付出的全部成本，在人工智能的后续运维与升级方面，企业仍需要投入大量资金。因此，除了研发成本以外，人工智能的运营成本也是不可忽略的一部分，这类资金也是企业和消费者需要共同面对的问题。

人工智能作为新兴事物，其设备相对来说较为稀缺，投入的运维费用要比普通设备高出不少。以家用机器人为例，消费者无论是租赁还是购买机器人，都要定期维修，而无论是直接买单还是间接买单，消费者都需要承担价格高昂的维修费用。

也许有人会觉得，这是因为人工智能目前阶段的技术还不够成熟，所以才需要付出较高的成本。这种想法有一定的道理，人工智能在发展成熟后，确实有望降低部分成本，但其系统属于高精尖技术才能实现的，最终的成本也不会降低太多。而且，这几年正是人工智能发展的时代，在短时期内，人工智能的各项成本是无法降低的。

2. 安全

人工智能作为一项还在发展中的新兴科技，其技术在当前阶段并不完善。如果人工智能在应用上出现了缺陷，整个系统就会出现异常，对消费者的安全造成威胁。

以无人驾驶为例，无人驾驶是人工智能应用领域中的重要方向，但是按照目前的发展状况来看，无人驾驶在短时期内无法解决安全问题。曾经某品牌的轿车在高速上行驶时，因开启了自动模式，直接撞上前方的道路清扫车，造成追尾事故，而车主也在该事故中不幸身亡。不仅如此，如果在设计无人驾驶系统时，因为安全防护技术或措施不成熟，无人驾驶汽车极有可能遭到非法入侵和控制，使犯罪分子有机可乘，做出对车主或其他人有害的事。

由此可见，人工智能在技术实操上仍然存在着巨大的风险隐患，在某些应用上还无法保障人们的生命和财产安全。

3. 数据

数据是人工智能发展的重要驱动力，是人工智能发展水平的决定性因素。而现实中却存在数据难以获取的问题，这是许多企业需要面对的难点。企业不仅要收集大量的用户数据，也要收集细分领域专家提供的数据。收集用户数据比较简单，只要用户同意，企业就能够在不侵犯用户隐私的前提下收集大量的用户需求数据、使用数据，甚至身份信息等。而细分领域专家提供的数据是十分难获取的，专家在任何领域中都是比较稀缺的，其数据信息都非常专业，但是较少。对于上述企业来说，想要获得这类的专业信息难度较大。

2.2.2 难以进入更多家庭

目前，很多消费者对人工智能产品的认知度只停留在表面层次，还没有明确的概念，对于人工智能技术的了解更是少之又少，所以，很多消费者在选择产品时，不会选择自己不了解或者了解甚少的人工智能产品。正因为如此，这种消费现状给人工智能的发展带来了很大的挑战。

如果人工智能不能广泛走进普通消费者的生活中，进入更多家庭，那么其发展空间就会缩小很多。即使关于人工智能的话题再火热，其发展依旧很容易变成泡沫。为什么人工智能难以进入更多家庭？其原因主要有 3 个，如图 2–2 所示。

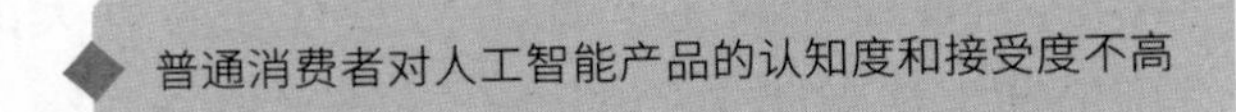

图 2-2　人工智能产品难以进入更多家庭的 3 个原因

1. 普通消费者对人工智能产品的认知度和接受度不高

咨询企业 Weber Shandwick 曾经发布一份与人工智能相关的调查报告，该报告面向中国、美国、加拿大、英国和巴西 5 个国家的 2100 名消费者进行调查，主要调查内容是关于人工智能的看法和前景预测。调查结果发现，消费者对人工智能产品的认知度并不高，如图 2–3 所示。

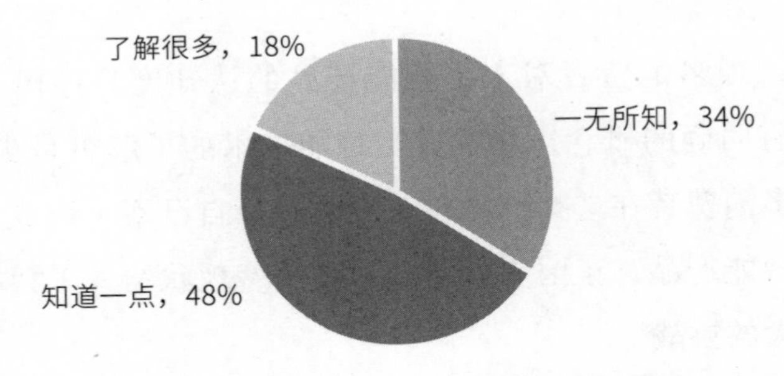

图 2-3　消费者对人工智能产品的认知度

在接受调查的消费者中，有 18% 的消费者对人工智能产品“了解很多”，有 48% 的消费者表示“知道一点”，有 34% 的消费者对人工智能产品“一无所知”。根据这一调查，我们可以知道，真正了解人工智能产品的消费者并不多，而对于不太了解人工智能产品或者对人工智能产品一无所知的消费者来说，他们更不太可能消费人工智能产品。

根据 Pegasystems 的调查，很多消费者都不确定人工智能产品提供的服务质量如何，是否能像人工服务一样甚至超越人工服务。在接受调查的受访者中，相信人工智能产品的服务能够提供与人工客服一样甚至更好的服务的只占 27%，但是却有 38% 的受访者认为，人工智能产品的服务是不能做得比人工客服更好的。而在调查过程中，有 45% 的受访者表示，相对于其他的消费服务沟通方式，他们还是更喜欢得到人工客服的服务。

不仅是人工客服，在其他人工智能产品上，消费者也不见得乐于接受。“给家里放一个能听懂所有对话的音箱对我来说还是有点瘆人。”一位受访者在被采访关于智能音箱的相关话题时这样回答道。除此之外，该受访者还表示，他的家人或是朋友也从来没有想过要购买人工智能产品。

根据这些调查我们可以看出，在接受程度上，人工智能产品还没有获得广大消费者的普遍认可。

2. 人工智能产品超出普通消费者的购买范围

人工智能面临的尴尬处境与其产品价格居高不下有着一定的关系。从目前的市场状况来说，人工智能产品宣传面向的主要群体还是高端消费群体，大部分的应用也集中于各大企业。

人工智能产品能够给广大消费者带来方便快捷的高品质生活，这对于普通消费者来说是十分具有诱惑力的。但是鉴于研发人工智能产品的成本问题，人工智能产品的售价远远超出了大部分消费者的购买能力。因此，人工智能产品对于普通消费者来说，仍然是不可触及的高端产品。

因为价格超越了消费者的预期范围，人工智能产品很难得到普及化应用，所以人工智能产品想要被消费者普遍接受，实现价格平民化是必不可缺的条件。但是这对于人工智能目前的发展状况来看，还需要做出很大的努力。

3. 人工智能产品在功能上还不够完善

任何产品想要得到消费者的认可，就必须要满足消费者的需求。同理，人工智能产品要根据消费者的真正需求进行设计，进而为消费者提供完善的服务，才能真正打动消费者。

然而，目前市场上很多人工智能产品都存在“华而不实”的特点，即拥有一些强大的功能，但是并不实用。于是，人工智能产品就成了“叫好不卖座”的一大代表产品。

基于以上原因，人工智能技术难以得到广大消费者的认可，人工智能产品也难以走进更多家庭。

事实上，虽然人工智能产品能够给消费者带来许多服务，但是对于普通消费者而言，他们还是比较关心人工智能产品能够提供哪些比较实用的功能，而人工智能产品超前的控制功能并不能让普通消费者感到满意。

尽管人工智能产品因为诸多因素，在目前很难走进更多消费者的生活中，但不可否认的是，人工智能产品的价值是不可替代的，发展前景也是很广阔的，甚至具备影响时代发展的力量。

2.2.3 难以突破重重行业障碍

如今，融入人工智能技术已经是大多数行业的发展趋势，也是企业未来发展的力量倍增器，各行各业都会随着人工智能技术的发展将其融入产品中。人工智能被众多行业所期待，但是在目前却难以跨越行业障碍，从而渗透到各行各业中，例如 B2B 领域，就是人工智能技术目前难以突破的重要领域。

B2B 领域是企业与企业之间的一种商务模式，在交易过程中，甲乙双方的主体都是企业。B2B 领域给采购和供应双方提供了一个交易平台，供应链电商体系就此而形成。

B2B 领域是人工智能的一个主攻应用场景，然而从人工智能目前的发展阶段来看，人工智能想要突破该领域的重重障碍，还有很长的一段路要走。其原因有 3 个，如图 2-4 所示。

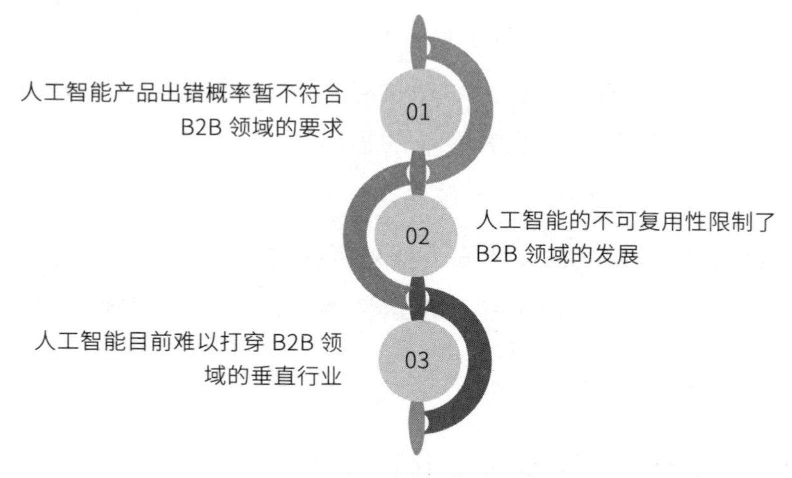

图 2-4 人工智能在 B2B 领域的障碍

1. 人工智能产品出错概率暂不符合 B2B 领域的要求

“只要技术足够先进，就能在市场上所向披靡。”这是很多企业家在经营时所信奉的原则。然而，在深入了解 B2B 领域后，这个固有的印象必然会被打破。

对于大部分 B2B 企业来说，先进的技术固然重要，但是还有比技术更重要的其他因素，比如产品的稳定性、产品是否能有效地支撑更大的用户规模等。

对于消费者来说，人工智能作为一种新型技术，如果其出错的可能性只有 1%，那么消费者还是乐于尝试这种新兴技术的。但是，对于 B2B 企业来说，1% 其实是一个极高的出错概率，试错成本能够让许多 B2B 企业望而却步。B2B 企业把产品的稳定性和安全性看得十分重要，而这是人工智能目前无法提供给它们的。

除此之外，对于 B2B 企业来说，因为产品出错而要替换或者整改流程，要远远比消费者更换一个产品更加困难。B2B 企业的产品背后，大多数都连接着一个大型后台。如果想要更换产品或者整改流程，那么将会涉及 B2B 企业的很多部门，不仅会影响系统流程的协同发展，还不利于后台整合。

因此，B2B 领域在接纳一个新兴事物时，比起高精尖的技术，它们更需要一个试错成本低、稳定性强、能够支撑大规模用户的产品。

2. 人工智能的不可复用性限制了 B2B 领域的发展

B2B 领域对于数据的需求量是很大的，根据这一市场，有不少人工智能企业都瞄准了 B2B 领域。例如深圳某人工智能企业是基于人才大数据的职场资讯企业，该企业一直都在尝试如何通过人工智能学习人的行为轨迹，从而对学习数据进行分析。在人工智能具体的落地应用上，该企业选择了两个与 B2B 领域相关的行业：企业招聘和法律顾问。该企业曾经尝试将企业招聘场景训练出来的人工智能体系应用到法律顾问场景中，然而这次尝试最后以失败告终。

这次尝试失败是因为该企业遇到了人工智能不可复用的难题，其人工智能系统不能兼容两个应用场景。

目前，人工智能涉及的很多业务都是上游的任务、模型以及算法，人工智能企业为了将方案落实，就要从更深层次考虑人工智能设计、系统和设备。这样的做法不仅加大了人工智能企业的成本投入，而且设计出来的人工智能方案是不适用于另一种场景的，即不可复用。

B2B 领域是企业与企业间的交易，交易量庞大，需要有一种先进的技术对其业务进行量化和复制。而因为不可复用性，人工智能无法在 B2B 领域中普及，B2B 企业操作起来仍然要使用大量的程序，最终导致人工智能难以广泛应用于 B2B 领域。

不仅如此，虽然人工智能技术在建立模型和算法方面是比较出色的，但是在判断层面能力不足，需要相关专家将专业知识融合在人工智能的判断层面中，对其进行指导和把关。然而隔行如隔山，人工智能想要在 B2B 领域中实现场景迁移，就要在每一个场景应用中寻找不同行业的专家进行合作，才能够与 B2B 场景进行深度匹配。

3. 人工智能目前难以打穿 B2B 领域的垂直行业

对于 B2B 领域目前的发展状态来说，提高生产力和生产效率从而在市场上有所斩获，是行业的最大诉求。因此，B2B 企业需要完整的解决方案，单一的技术无法解决企业的诉求。在这个方面，英特尔公司就做得很好，它不仅生产芯片，还提供了与半导体相关的生产设备以及生产工具。

B2B 领域的诉求要求人工智能要打穿整个垂直行业，但是，人工智能目前还发展得不够成熟，无法做到垂直整合，无法打穿 B2B 领域的整个产业链。不仅如此，B2B 领域的很多数据都难以投入人工智能应用中，这无疑提升了人工智能在 B2B 领域应用的难度。

人工智能技术发展日新月异，但是目前仍有很大的不足。B2B 领域作为人工智能技术重要的应用场景，其对人工智能的需求必然是紧迫的，这就要求人工智能尽快建立独特的商业壁垒，突破行业障碍，从而在 B2B 领域大显身手。

第3章

创新突破：感受技术融合的魅力

人工智能并不是仅靠自身单一发展的，在其发展的过程中，5G、区块链、大数据等技术都会融合进来。这些先进技术与人工智能的融合能够解决人工智能发展过程中的各种难题，促使人工智能突破发展瓶颈，加快发展进程。

3.1 人工智能与5G

随着5G商用的落地，无线通信技术迎来了重大变革，那么，人工智能与5G的融合能擦出怎样的火花？5G能够为人工智能提供更加高速、稳定、承载力更强的网络，其与人工智能的结合也能够促进人工智能技术的发展。

3.1.1 5G的3个优势

5G拥有4G无法比拟的优势。5G具有高传输速率、大宽带、低时延等优势（见图 3-1），这将使得人工智能在其功能、性能及应用领域等方面都会有巨大的提升。

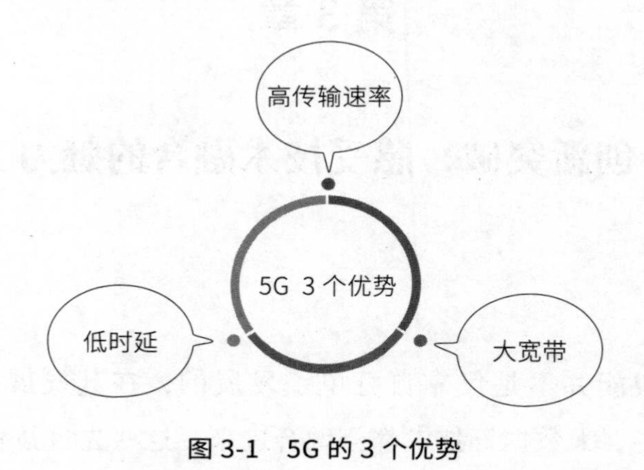

图 3-1 5G 的 3 个优势

1. 高传输速率

速度快是 5G 最直观的表现，5G 的传输峰值速度能达到 10Gb/s，而 4G 网络的传输速度则为 100Mbp/s。理论上，5G 网络的速度要比 4G 快百倍。

5G 现实应用中的网速远超光纤，下载 1 部 2 小时的高清电影只需不到 1 分钟。

2. 大宽带

人工智能应用在 4G 网络的支持下也是可以使用的，但是当使用人工智能应用的用户变多时，云 AI 和边缘 AI 的连接需求就会增加，4G 网络就会变得拥堵，进而影响用户的使用体验。而 5G 网络则可以为人工智能应用提供一个更宽的连接通道，其 5G 大宽带的优势能够在不影响用户体验的前提下支持更多设备接入。

3. 低时延

低时延是指从指令发出到指令被执行的时间大大缩短，这无疑会大大提升人工智能应用的准确性和可靠性。对于人工智能中的自动化操作来说，低时延能够大大提高人工智能的运行效率；同时，在执行用户指令时，低时延也可以极大地改善用户的使用体验。

未来的人工智能应用上将配有大量的传感器，会产生大量的数据，并上传到云端进行复杂的运算。当前4G网络的数据带宽是不足以支撑其运行的，而5G网络的大带宽和低时延的优势就可以使海量数据的复杂运算成为现实。

3.1.2 智能自治网络的实现

现阶段，5G网络正在全球范围内展开火热的部署。与4G网络相比，5G网络在数据传输速度、效率、延时等关键性指标上都有了质的提升。5G时代的到来，将支撑更加丰富的应用场景，但同时也给运营商带来了不小的挑战。为了直面挑战，运营商运维模式的革新与网络智能化能力都有了更高的要求。因此，人工智能对移动网络的融合是5G发展的一个必然趋势。

将人工智能技术引入移动网络中，是为5G时代的到来铺就基石。其中最重要的层面就是，人工智能不仅可以让移动网络具备高自动化能力，还可以驱动其自闭环和自决策能力，即实现智能自治网络。5G智能自治网络需要基于云计算的基础，构建人工智能和大数据引擎。

为了在不增加网络复杂性的基础上，实现智能自治网络的目标，需要运营商在网络架构上制造分层。从部署位置来看，越是上层，数据就越集中化、数量越多、跨领域分析能力越强，更适合对计算能力要求很高、对实时性要求较低的数据做支撑。部署位置越是下层，则越接近客户端，其专项分析能力越强、时效性越强。从通俗意义上来讲，智能自治网络需要基于“分层自治、垂直协同”的架构来实现。

罗马不是一天建成的，建设真正的智能自治网络也会是一个长期的过程。目前，全球运营商都已在展开人工智能应用的深入探索，包括流量预测、基站自动部署、故障自动定位等方面的优秀案例正在不断涌现。但人工智能在移动网络中的应用，也同样存在挑战。由于智能自治网络的业务流程与运营商的业务价值直接相关，因此，运营商需要重新根据自身的组织架构、员工技术等限制因素定义工作流程，并权衡成本、评估潜在价值，最终确定核心的智能自治网络场景。

人工智能驱动网络自治是5G时代的大势所趋，它将给移动网络带来根本性的变革。网络将由当前的被动管理模式，逐步向自主管理模式转变。人工智能、5G与物联网是全球移动通信系统协会提出的“智能连接”愿景的三个核心要素。其中，人工智能与5G的融合发展，将给移动网络注入新的技术活力，并能促进这个愿景的真正实现。

在现实生活中，通过产业间的高度协同，人工智能和移动网络这两项技术已经改变了人们的生活方式。而它们之间的交汇融合，必将再次重塑人类的未来。

3.1.3 弥补人工智能的短板

提到 5G，很多人都会联想到人工智能、大数据、物联网等技术，5G 的普及势必会推动这些技术的发展。对于人工智能技术来说，由于其具备深度学习能力，能对其所存储或收集到的数据进行整理、分析，并在这一过程与结果中吸收知识经验来提升自己，所以 5G 对于数据的高效传输，有助于人工智能的快速升级与发展。

随着互联网技术的普及，网民数量也在持续上升。在数据规模逐渐庞大的同时，数据传输与存储的压力也会随之变大，特别是在人工智能技术应用方面，对于数据传输和处理有着更为严格的要求。因此，5G 网络通信对人工智能的发展尤为重要。

作为第五代移动通信技术，5G 具有高传输速率、大宽带与低延时等可靠优势。而人工智能在 5G 的影响下，也能够提供更快的响应、更优质的内容、更高效的学习能力以及更直观的用户体验。可以说，5G 弥补了以人工智能为代表的新型技术中发展上的短板，成为驱动前沿科技发展的新动力。

3.1.4 人工智能携手 5G“驯化”设备

随着无线网络的普及，人们越来越依赖于无线网络来进行学习和工作。但单一的无线网络信号的覆盖范围是有限的，难以满足人们移动的需求，给人们的学习和工作带来了诸多阻碍。

而终端 AI 在无线设备连接方面的应用将会大大提高网络的灵活性，也为网络设备管理提供了便利。传统的“人随网动”将随着终端 AI 的应用转变为更加灵活的“网随人动”，让其可应用于校园、企业等多个场景中。

人工智能型 AD Campus 解决方案为建设柔性的校园网系统提供了更多可能。无须对现有网络进行调整，也无须增加运营的复杂度，人和终端在校园内的移动不受网络限制，同时能大幅度地降低运营成本。

1. 应用是核心

“网随人动”需要面临大量的用户、设备和流量之间的调控，因此应用是核心。人工智能系统为不同的应用提供独立的逻辑网络，也为不同的应用提供不同的网络需求，提高资源的利用率。网络的重构率通过 4 个步骤实现对网络的分层把控，如图 3-2 所示。

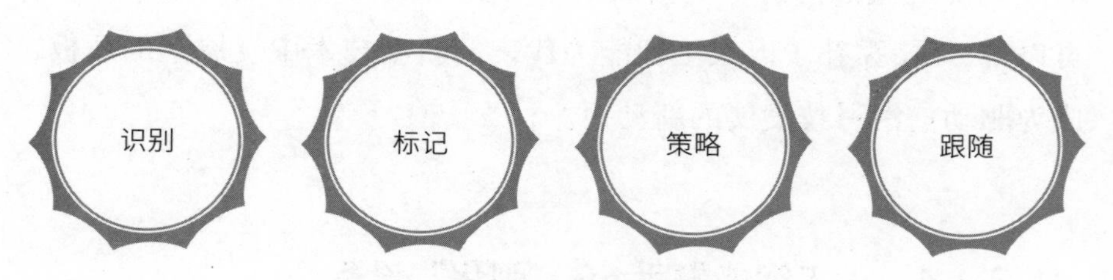

图 3-2 网络分层把控的 4 个步骤

（1）识别

人工智能型 AD Campus 解决方案可以识别用户组和物联终端，对 IP 电话和视频监控系统进行识别管控。

（2）标记

人工智能能对不同的用户组进行分类，可将用户和终端的业务进行捆绑，并根据IP频段的标记，实现对用户和终端的绑定，让用户在网络中具有不可更改的标识。

（3）策略

人工智能方案能针对校园网内的不同业务进行隔离，在不同场景内为不同用户和终端提供网络权限。

（4）跟随

校园网络中的用户数量和终端位置发生移动，但是在IP不变的情况下，网络接入和网络策略不变。例如，当校园的人员数量增多或减少时，不必手动调整网络，人工智能系统可自行调配。

2. IP决定网段

IP和用户的对应实现了人工智能系统对用户的管控，同时便于人和终端之间的捆绑，保障了终端的安全接入。网段和业务的联动使得业务和网段之间的连接只需通过IP网段的控制就可达成。用户只需在选项中输入步骤名称就可自动实现业务达成，无须输入多余的口令，高效快捷。

3. 自动化部署

人工智能方案的自动化部署将整个网络设备进行角色化分类，将核心层、汇聚层、接入层进行统一，并将配置文件进行简化，实行简单的自动化部署模式。自动化部署后物理位置的标识也为后期的运维和维修提供了保障。人工智能系统能够在后台自动导入地理标识，施行全界面自动化监控。

4. 实现一键启动

人工智能方案除了实现网络的自动部署之外，还能实现终端资源的人性化分配，根据资源定义和用户组策略的匹配模式导出可视化界面，让用户快速掌握操作模式并提供拓扑视图，让操作更便捷。

通过以上人工智能对校园系统的管控可以看出，真正实现“网随人动”的网络操作并不遥远，人工智能也在人们的生活中扮演着越来越重要的角色。

3.2 人工智能与区块链

区块链是一种数据分布式存储方式，人工智能则是由数据产生的应用，双方都是基于数据进行运作的，因此两者也能够很好地融合在一起。人工智能能够提高区块链网络的智能性，而区块链能够以去中心化的数据管理模式提高人工智能的安全性和稳定性。

3.2.1 人工智能优化区块链的能源消耗

在数字时代来临以及技术不断进步的影响下，需要处理和分发的数据已经变得越来越多、越来越复杂，例如，一些现代化软件系统的代码行数已经达到了百万级。在维护这些数据的时候，不仅需要大量的软件开发人员，而且需要大型数据中心的帮助，这也就意味着要消耗大量的人力、物力资源。

鉴于此，兰卡斯特大学的数据科学专家开发出了一个人工智能系统，该系统可以用最快的速度完成软件的自动组装，从而能够极大地提升人工智能系统运行的效率。

这一人工智能系统的基础是机器学习算法。在接到一项任务以后，该人工智能系统会在第一时间查询庞大的软件模块库，如搜索、内存缓存、分类算法等，并进行选择，最终再将自己认为的最理想形态组装出来。另外，研究人员还为这种算法起了一个非常合适的名称——“微型变种”。该人工智能系统具有深度学习的能力，能够利用“微型变种”自动组装最理想的软件形态，能够自主开发软件。

该人工智能系统可以减少人力的消耗，并且可以自动完成软件的组装，这也会减少数据处理中心的能源消耗。随着物联网时代的到来，需要处理的数据量也在迅速增长，数据处理中心中的众多服务器也因此需要消耗大量能源。而该人工智能系统能够为数据处理提供新方式，从而减少能源消耗。

在人工智能系统的影响下，人类与数字世界打交道的方式已经发生了颠覆性的变化。技术的发展大幅度提升了网络的安全性，加快了数据查询的速度等。技术的发展是解决问题的根本途径。

人工智能在节省能源消耗方面的强大作用已经得到了证实。同样，人工智能在应用到区块链领域时，也将大幅度减少区块链的电力及能源消耗。

人工智能算法和区块链的共识机制相结合，能够有效减少区块链的电力和能源消耗。将人工智能算法应用于区块链的共识机制中，能够提高区块链的计算效率，从而节省电力和能源。其运算逻辑为：人工智能与共识机制结合后，采用分层共识机制，利用随机算法将所有节点划分为多个小集群并选出集群中的代表节点，再由这些代表节点进行记账权的竞争。和全部节点参与竞争的记账方式相比，这种新的记账方式能更好地减少能源消耗。

3.2.2 实现区块链组织的高效管理

传统的计算机虽然计算速度非常快，但是反应比较迟钝，如果在执行一项任务中没有明确的指令，计算机就无法完成任务。而因为区块链的加密特性，要想在传统的计算机中使用区块链数据操作，那计算机就必须要有强大的处理能力。

在区块链中挖掘块的算法就采用了一种“蛮力”方法，即一直尝试每一种字符组合，直到找到适合验证一个交易的字符。利用人工智能就可以改变区块链的这种运行方式，通过“更聪明”的方式来管理任务。例如，假设一个破解代码的专家成功破解了越来越多的代码，那其工作就会变得越来越有效率。一种机器学习推动的挖矿算法能够以类似专家的方式来处理它的工作，这种算法通过机器学习能够获得更正确的培训数据，并且在瞬间就提升自己的技能。

区块链与人工智能在技术成熟度上都取得了突破性进展，二者的结合正在成为一种趋势，而且会产生颠覆性的效果。目前，很多公司都在“区块链 + 人工智能”领域积极探索，而且已经出现优秀案例，Vectoraic 公司就是很有代表性的一个。

Vectoraic 公司致力于研发基于人工智能的区块链交通管理系统。在无人驾驶领域，Vectoraic 公司开发的系统能够利用人工智能、机器学习等技术来对车辆的碰撞情况做出判断并对车辆进行准确定位。此外，该系统还利用云端算法计算出碰撞风险值，以此来掌握无人驾驶的制动、减速或加速等操作系统。

在技术方面，Vectoraic 公司开发的系统所采用的硬件主要有传感器、可见红外线、热感应、车联网、360 微型雷达等，这些硬件都可以低成本、大规模生产。该系统不仅能探测视觉范围内的物体，还能探测视觉盲区的物体，从而为无人驾驶的汽车提供准确的判断。

区块链和人工智能的结合将给人们带来一个全新的领域，企业可以依托这两种技术在通信架构和自动技术上开发新的应用。区块链的去中心化模式具有非常多的操作性，人工智能与区块链的结合能够实现区块链组织的高效管理，这能够给人们的生活带来全新的体验。

3.2.3 去中心化的数据共享

人工智能依赖数据的支持，数据越多，模型也就越完善。但是许多数据都是被独立存储的，数据之间难以互通，数据的彼此孤立就形成了数据孤岛。数据孤岛的形成严重阻碍了人工智能的发展。

而在区块链融入人工智能后，就能够很好地解决数据孤岛的问题。区块链能够保证数据传输的安全性和可追溯性，因此能够实现数据的大量传输。在区块链的助力下，人工智能的数据共享主要体现在以下两个场景中。

1. 企业场景

通过区块链，不同企业的数据可以合并在一起，这不仅可以减少企业审计数据的成本，还可以减少审计人员共享数据的成本。在更完善的数据的支持下，企业可以完成更完善的人工智能模型。这样的人工智能模型就像一个“数据集市”，可以更加准确地预测出客户流失率。

2. 生态系统场景

一般来说，竞争对手之间不会交换和共享数据。但如果一家银行获取了其他几家银行的集合数据，那么这家银行就可以构建一个更加完善的人工智能模型，从而最大限度地预防信用卡欺诈。此外，对于一条供应链上的多家企业而言，如果通过区块链实现了整条供应链的数据共享，那么当供应链出现故障的时候，企业就可以在第一时间明确故障来源。

无论是在不同的生态系统之间交换和共享数据，还是在每个个体参与全球规模的生态系统之间交换和共享数据，都是十分有价值的。在数据共享的情况下，可以改进人工智能模型的数据就会更多，来源也会更广。

来自不同孤岛的数据集合在一起以后，除了可以产生更好的数据集以外，还可以产生更加新颖的人工智能模型。在这种人工智能模型的助力下，新的洞察力可以被获得，新的商业应用也可以被发掘，以前完成不了的事情现在已经可以完成。

在进行数据共享的时候，还需要考虑一个重要问题——中心化还是去中心化？就算某些企业愿意共享自己的数据，那也不一定非得通过区块链实现。不过，与中心化相比，去中心化还是有比较多的好处：一方面，参与企业可以名副其实地共享基础设施，无论是其中的哪一家都不可以独自控制所有的共享数据；另一方面，把数据和模型变成真正的资产不会再像以前那么困难，而且还可以通过授权其他企业使用来获取利润。

3.3 人工智能与大数据

大数据以海量数据为核心资源，通过收集、存储、处理、分析数据，展现数据的更大价值。大数据与人工智能密不可分，很多大数据的应用都离不开人工智能技术。同时，人工智能技术的发展也离不开大数据的助力。

3.3.1 行业转型升级的推动力

人工智能与大数据的融合发展是大势所趋，这一趋势也将为全球带来新的行业与新的机遇。未来，大部分的行业都将随着两者的融合而转型与升级，催生更多的产业与商业模式，并且会应用于教育、医疗、环境、城市规划、司法服务等领域。伴随着对未来的期待，我们也应了解，大数据与人工智能的融合是如何逐渐渗透到社会生产与生活中来的。

从人工智能与大数据的融合阶段来看，目前总体正处在一种爆发性增长的阶段。如此的行业现状给众多企业与投资商带来了发展机遇。同时，随着企业与新兴产品的数量的不断增长，这两项技术也在各个领域内不断渗透。

根据中国信息通信研究院 2018 年发布的数据来看，我国人工智能企业大多分布在计算机视觉、语音和自然语言处理上。其中计算机视觉占比高达 42%，语音与自然语言共占比 43%。在目标市场中，“人工智能 +”也是传统企业转型升级所关注的重点。总而言之，在人工智能技术的发展以及一些互联网巨头纷纷布局的带领下，我国各个企业都争先依据自身的数据优势来布局人工智能领域，以此提高企业竞争力、占据更多的市场份额。

在国际范围内，人工智能与大数据的融合影响也很大。麦肯锡报告预测，到 2030 年，70% 左右的公司将至少采用一种人工智能技术，并且大部分大公司将使用更多的人工智能技术。总体而言，到 2030 年，人工智能将为全球经济活动增加 13 万亿美元的产值。

由此可见，人工智能与大数据的结合将成为行业转型升级的推动力。随着人工智能的普及、大数据的积累，两者对数据的收集、整理、分析能力也会大大提高，挖掘出数据的更大价值，并催生新业态、新模式。

3.3.2 大数据为人工智能提供数据支持

大数据技术的崛起为人工智能的发展提供了丰富的大数据资源。

Talking Data 是一家专注于大数据的人工智能科研公司。该公司的技术团队十分注重数据资源的挖掘、积累与优化。他们认为："无论是 AI，还是 VR，或者是自动驾驶等高新技术，都离不开对数据的深刻理解和应用。没有海量数据的支撑，AI 不可能在近年来快速发展；没有对人类驾驶行为数据的学习，自动驾驶只能是空中楼阁。"由此可见大数据技术对于人工智能的重要性。

随着科技的发展，大数据的内涵已经有了深刻的变化。如今的大数据包含越来越大的信息量，数据的维度也越来越多。例如，大数据技术不仅能够捕捉图像与声音等静态数据，还能够捕捉人们的语言、动作、姿态以及行为轨迹等动态数据。

传统的数据处理方法已经不能够更好地处理这些纷杂的数据，大数据技术需要融合人工智能技术，智能捕捉非结构化的海量数据，并进行优化处理，从而解决更多的问题，为人工智能的发展与商业的变革作出更大的贡献。

对于发展人工智能来说，高效利用大数据，应当从 4 个方面做起，如图 3–3 所示。

图 3-3　高效利用数据的 4 个方面

首先，要构建数据思维能力。人工智能产品的发展与人工智能商业的落地都需要运营人员有深刻的数据洞察力与理解力，把大数据技术延伸至产品的市场调查、早期设计、用户跟踪以及用户用后反馈上。只有做到这些，研发团队设计的人工智能产品才能够真正具有商业价值，才能够有更多的盈利。

其次，要积累数据科学技术。数据科学技术的发展日新月异，人工智能产品的设计团队要跟得上时代，掌握最新的数据处理方法，用最先进的算法处理数据，让数据真正为我所用。

再次，要用智能数据指导商业实践。数据的优化处理要与具体的商业运营相结合，即根据大数据统计分析的最有效结论，指导产品的升级完善，从而占领更广阔的市场。

最后，要提取最新鲜的数据。最新鲜的数据才会最具时效性，才会带来更多的价值。为获得最新鲜的数据，需要各个数据机构与平台保持开放的心态，并积极进行数据合作，这样才能够取得共赢。

在未来，利用大数据技术整合多元的数据资源，并结合行业特点进行高效应用，必然能够促进行业的新升级，促进人工智能的进一步发展与商业落地。

第 4 章

人工智能 + 制造：传统行业的翻新契机

当前，人工智能在制造领域已经有所应用，各种工业机器人、全自动智能生产线层出不穷。人工智能在制造领域的应用能够加速传统制造企业的转型升级，提高企业的生产效率和生产质量。基于种种优势，许多制造企业都引入了人工智能技术，打造智能工厂、智能质检系统等，实现更深程度的生产智能化。

4.1 人工智能 + 制造 = 智能制造

人工智能与制造业的结合推动了智能制造的发展，在人工智能技术的助力下，制造流程实现了信息化与自动化，智能数据采集和人机交互也成为现实。

4.1.1 核心本质：信息化与自动化

智能制造的本质就是信息化和自动化，在人工智能技术的支持下，越来越多制造环节实现了信息化和自动化。一些制造企业会在生产线中引入人工智能系统，而也有一些实力强劲的企业，开始借助人工智能技术打造智能工厂。

近些年，智能工厂已经成为全球工业的发展趋势，越来越多的企业为了保持和提升自身竞争力，都开始了这方面的探索和尝试。在智能工厂中，一切都是以人工智能、云计算、大数据、物联网为基础的联网管理，这有利于打通各方资源，实现效率的提升。

智能工厂的核心是数据，企业需要考虑到各个决策对于数据的需求，把数据快速分配到不同的环节，建立起一个灵活的组织架构，促进不同环节之间的合作和协调。

例如，三星整理了所有与生产相关的数据，找到2000个因子，并将其分成3类：产品特性、过程参数、影像。以影像数据来说，三星将多用于电影、游戏等商业性娱乐产业中的VR、增强现实（Augmented Reality，AR）应用到实际生产中，解决了不同地区之间进行实时远程协同配合的需求。

另外，在人工智能方面，三星不仅对生产过程及产品进行百分之百的自动检测，还通过人工智能设备判断产品的质量。以卷绕工序为例，三星的主要检测项目有材料代码、长度、正/负极、隔膜、张力、速度、卷绕、短路、尺寸、速度等159项，采用高清摄像进行外观查验，可以识别出微米级的气泡，从而降低出错率，为用户提供最优质的产品。

三星还可以实现自动监控和智能防错，以避免人为失误与异常状况的发生。在自动监控方面，三星主要对环境、生产、标准、设备等方面进行监控。以环境监控为例，具体包括温度、湿度、压差、洁净度4个方面的监控。

在三星的智能工厂中，中央系统会对现场环境进行 24 小时监控，通过探头自动收集数据。当现场环境出现异常变化时，中央系统会发出警报，风机和除湿等设备会在第一时间进行调整，直到恢复正常。

有了智能工厂以后，企业生产线的布局时间、返工时间将大大减少，并有效降低生产成本、提高生产效率。对于企业来说，这些都可以带动效益的增加以及竞争力的提升。

智能工厂的核心优势就是信息化和自动化管理，人工智能系统不仅能够做出科学的生产决策，还能够贯穿原料、产品运输、自动生产、质检、包装、存储的全过程。有了人工智能技术的加持，企业能够大大提高生产效率，保证产品质量，提高产品的竞争力。

4.1.2 关键技术支撑：人机交互

要想实现智能制造，不是让智能机器人代替人工这样简单，关键是要实现人机交互，即智能机器人和智能工厂里的工人能够实现人机协同，共同作业。也就是说，智能制造可以实现让智能机器人和工人分别负责自己更擅长的工作。例如，重复、枯燥、危险的工作可以交给智能机器人去做，精细、富有创造性的工作则由工人来完成。

而且就现阶段而言，还有很多工作必须通过人机协同才可以做好。例如，用机器将产品装配好以后，需要工人来完成极为重要的检验工作，同时还需要为每个生产线配备负责巡视和维护机器的组长。

如今，大部分应用于制造业的智能机器人还只能完成一些简单、重体力、重复性的流水线工作，而如果面对高精度、细致、复杂的工作，则显得无能为力。这也就表示，即使智能制造已成趋势，机器生产也有了很大发展，工人还是不能被替代，他们需要致力于精细化生产，完成后端工作。

有了人工智能后，机器将从工具进化成为工人的队友。企业将越来越多地依靠机器来做一些简单、重复的工作，从而将工人从这些工作中解放出来，让工人集中精力去完成更复杂、更重要的任务。人机协同的最终目标是把工人的优势与机器的优势相结合，以产生更强大的力量。在人工智能时代，这样的目标正在一点点地变成现实。

4.2 如何打造无人的智能工厂

在当前的制造领域中，人工劳动力成本日益增加，企业招工困难，同时，人工智能等新兴技术的发展为智能工厂的打造提供了技术支持。在这种情况下，越来越多的制造企业将目光瞄准智能工厂，希望通过打造智能工厂实现企业的转型升级。那么，如何才能建设出真正的智能工厂？

4.2.1 采集和分析数据，实现企业信息化

企业信息化能够充分提升企业的竞争力，是建设智能工厂最重

要的部分。企业信息化涉及的主要领域有 4 个，包括企业资源规划（ERP）、供应链管理（SCM）、客户关系管理（CRM）和产品生命周期管理（PLM）。打造全面信息化的智能工厂，需要将以上信息化系统的管理体系做到固化落地，消除信息孤岛。

通过企业信息化，能够实现智能工厂 5 个方面的目标，如图 4-1 所示。

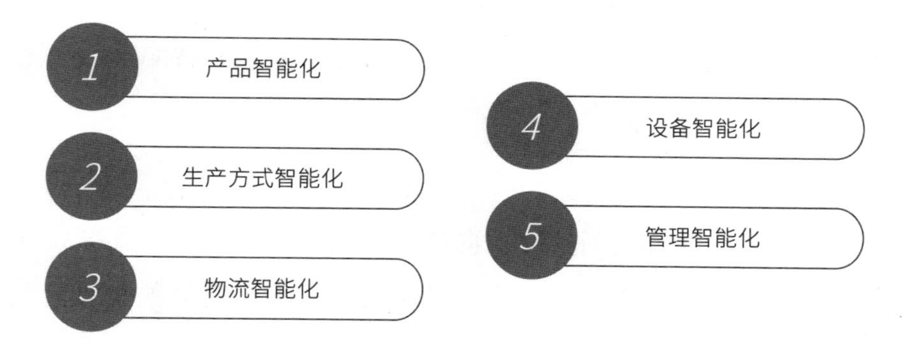

图 4-1　企业信息化的成果

1. 产品智能化

通过打通产品生命周期管理和其他多个系统，实现协同设计，能够将产品生命周期中的各过程转换成结构化的数据和文档，输入系统的数据长期有效，便于实现系统自动化设计。

2. 生产方式智能化

在生产过程中利用企业资源规划等系统进行管控，打开生产过程中的“黑箱”，实现生产透明化、可追溯等目标。

3. 物流智能化

利用供应链管理系统的统筹管理，减少线边库存等问题，提升配送响应度和配送过程的透明度。

4. 设备智能化

利用各信息系统间的数据交流，实现生产线、机械手臂等的精确定位和调控，成功实现产品生产过程中的自动化和智能化。

5. 管理智能化

各信息化系统之间实现横向的沟通和交流后，生产流程和程序信息就能实现深度融合，为产品的项目管理提供更多智能决策参考。

建设智能工厂的关键是打造全价值链质量平台，实现信息化落地。只有打通整个信息化管理的壁垒，才能建立起深入到企业内部的智能化体系。

4.2.2 明确智能工厂的衡量标准

智能工厂的核心在于结合全价值链质量平台，实现信息化落地，仅拥有自动化生产线和工业机器人的工厂不能称为智能工厂。智能工厂涵盖的领域非常多，需要建立一定的标准来衡量工厂是否智能。一般来说，智能工厂有 5 个衡量标准，如图 4-2 所示。

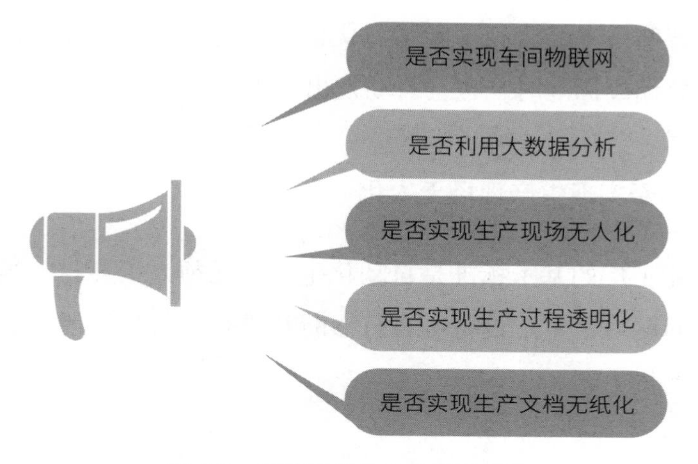

图 4-2 智能工厂的 5 个衡量标准

1. 是否实现车间物联网

真正的智能工厂中，人、设备、系统三者之间能够构建出完整的车间物联网，实现智能化的交互通信。传统的工业生产中只存在设备与设备之间的通信，人与设备之间的交互还需要接触式操作。当建立起车间物联网后，车间内所有的人与物都可通过物联网得到连接，方便管理。

2. 是否利用大数据分析

随着工业的信息化进程加快，工厂生产所拥有的数据日益增多。生产设备产生、采集和处理的数据量与企业内部的数据量相比大很多，因此智能工厂能够充分利用大数据技术进行数据的分析。

在工业生产的过程中，设备产生的数据每隔几秒钟就被收集一次。大数据系统利用这些数据能够建立起生产过程的数据模型，并和人工智能技术结合，不断学习优化生产管理过程。同时，当系统发现某处偏离标准时，也会自动发出警报。

3. 是否实现生产现场无人化

智能工厂的基本标准是自动化生产，无须人工参与。当生产过程出现问题时，生产设备可自行诊断和排查，一旦问题解决，立刻恢复自动化生产。

4. 是否实现生产过程透明化

在信息化系统的支撑下，智能工厂的生产过程能够被全程追溯，各种生产数据也是真实、透明的，通过人工智能系统可以轻松实现查询与监管。

5. 是否实现生产文档无纸化

智能工厂一定是环境友好型工厂，目前工业企业中的众多纸质文件，如工艺过程卡片、质量文件、零件蓝图等并不符合智能工厂的标准。所以，智能工厂的一个重要衡量标准就是实现生产文档无纸化。

生产文档实现无纸化管理，不仅能够减少纸张的浪费，还能够杜绝纸质文档查找困难的问题，大大提高工作人员检索文档的效率。

这些标准表明，建设智能工厂是一项全面、系统的工作，具有明确的衡量标准。只有明确智能工厂的标准，并在建设过程中一一落实，智能工厂才能够真正建立起来。

4.2.3 从智造单元处落实智能工厂

在建设智能工厂的过程中，建设智造单元的策略得到了大多数企业的认可。有人称智造单元是“智能制造落地最有效的抓手”，由此可见，建设智造单元是实现智能工厂的必经之路。

智能工厂本身是一个非常复杂的系统，需要从整体上考虑。而落实到具体的生产线时，就需要从构建智造单元做起。智造单元从工业生产的基本生产车间出发，将一组功能近似的设备进行整合，再通过软件的连接形成多功能模块的集成，最后和企业的管理系统连接，形成一体化。

智造单元可以用“一个现场，三个轴向”来描述，如图 4–3 所示。

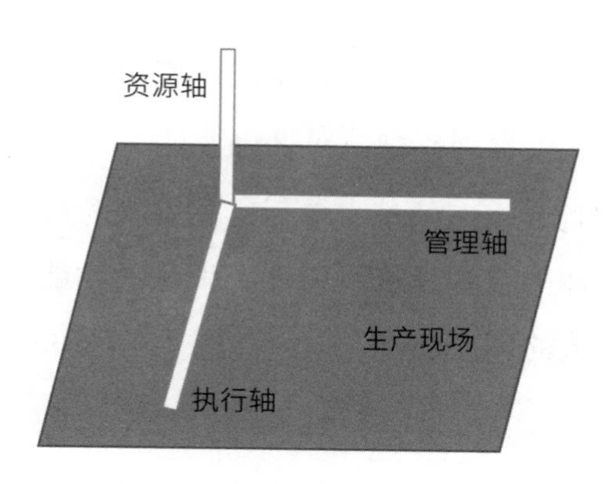

图 4-3　智造单元三维示意图

1. 资源轴

资源轴的资源是抽象意义上的资源，可以是任何对象，包括员工、设备、工艺流程等，也包括精神层面的企业文化。值得注意的是，员工是企业宝贵的资产。

2. 管理轴

管理轴指的是生产过程中的要素管控和运行维护过程，包括对产品的质量、成本、性能、交付等的管理把控。

3. 执行轴

执行轴是 PDCA 循环的体现，包括计划（Plan）、执行（Do）、检查（Check）和纠正（Action）。

智造单元实际上是最小的智能工厂，本身可以实现多品种少批量（单件）的产品生产。更为重要的是，智造单元能够最大限度地保护工厂的现有投资，工厂既往的设备都可以重复使用。这样一来，工厂的投资成本得到控制，对推进智能工厂的建设十分有利。

智造单元是智能生态的最小单元，能够充分组合工厂现有的资源和设备，在整体的智能环境下将已有设备的功能和效率达到最大化，体现智能制造的调控性。

4.3 智能制造成功案例

在智能制造成为趋势的当下，越来越多的制造企业将人工智能技术融入生产制造的过程中。百度质检云将人工智能技术融入质检系统、西门子打造智能工厂、海尔打造互联工厂，这些案例都显示出了智能制造的强大势能。

4.3.1 百度：质检云将人工智能系统融入质检

在产品正式上市之前，企业必须对其进行质检。传统质检主要依赖于人力，这种方式主要有以下 3 点缺陷。

（1）质检人员的薪酬水平较之前有了较大提升，使得质检成本持续增加。

（2）当质检人员出现粗心、操作失误、走神等情况的时候，很可能会导致漏检、误检，甚至二次损伤。

（3）在炼钢工厂、烟花工厂等特殊行业场景，质检人员的安全难以得到保障，可能会在工作中受伤。

如果用智能质检设备进行质检，则完全可以弥补上述缺陷，同时还可以让质检变得更加迅速和统一。在这种情况下，越来越多的智能质检设备开始出现。百度质检云就是其中比较具有代表性的产品。

百度质检云基于百度人工智能、大数据、云计算能力，深度融合了机器视觉、深度学习等技术，不仅识别率、准确率非常高，而且还易于部署和升级。此外，百度质检云还具有一项非常出色的创新，那就是省去了需要质检人员干预的环节。

除了产品质检以外，百度质检云还具有产品分类的功能。

针对产品质检，百度质检云可以通过对多层神经网络的训练，来检测产品外观缺陷的形状、大小、位置等，还可以将同一产品上的多个外观缺陷进行分类识别。针对产品分类，百度质检云可以基于人工智能技术为相似产品建立预测模型，从而在很大程度上实现精准分类。

从技术层面来看，百度质检云具有 3 个优势，如图 4–4 所示。

图 4-4　质检云的 3 个技术优势

1. 机器视觉

百度质检云基于百度多年的技术积累，实现了对工业的全面赋能。与传统视觉技术相比，机器视觉摆脱了无法识别不规则缺陷的弊病，而且识别准确率更高，甚至已经超过了 99%。不仅如此，这一识别准确率还会随着数据量的增加而不断提高。

2. 大数据生态

只要是百度质检云输出的产品质量数据，就可以直接融入百度大数据平台。这不仅有利于用户更好地掌握产品质量数据，还有利于让这些数据成为优化产品、完善制造流程的依据。

3. 产品专属模型

百度质检云可以提供深度学习能力培训服务，在预制模型能力的基础上，用户可以自行对模型进行优化或拓展，并根据具体的应用场景打造出一个专属私有模型，从而使质检、分类效果得以大幅度提升。

质检云适用于大多数场景，例如需要大量质检人员的屏幕生产工厂、LED 芯片工厂、炼钢工厂、玻璃制造工厂等。综合来看，百度质检云适用的场景包括但不限于以下几个。

（1）光伏 EL 质检：百度质检云可以识别出数十种光伏 EL 的缺陷，如隐裂、单晶 / 多晶暗域、黑角、黑边等。人工智能使缺陷分类准确率有了很大提升。

（2）LED 芯片质检：百度质检云通过深度学习对 LED 芯片缺陷的识别及分类训练，使得质检的效率和准确率都有了很大提升。

（3）汽车零件质检：百度质检云可以对车载关键零部件进行质检，而且支持多种机器视觉质检方式，在很大程度上加快了质检的速度。

（4）液晶屏幕质检：百度质检云可以根据液晶屏幕外围的电路，设计并优化预测模型，大幅度提升了准确率，减少了召回率。

工业是我国现代化进程的命脉，也是发展前沿技术的主要阵地。百度质检云在推动企业降本增效、提升企业竞争力等方面具有很大作用。在人工智能的加持下，百度质检云让制造企业走向了自动化、数字化。

4.3.2 西门子：安贝格智能工厂

作为工业企业的龙头企业，西门子在建设智能工厂上处于领先地位。在西门子的安贝格工厂中，只有四分之一的工作需要人工完成，剩下四分之三的工作都由机器和电脑自主处理。

自建成以来，安贝格工厂的生产面积没有扩大，生产人员的数量也没有太大变化，但产能却在不断提高。在不断提高生产速度的同时，其产品的合格率也得到了很大保证。无论是生产速度，还是生产质量，安贝格工厂都处于世界领先水平。

在安贝格工厂出色的生产成绩背后，有3个重要特点，如图4–5所示。

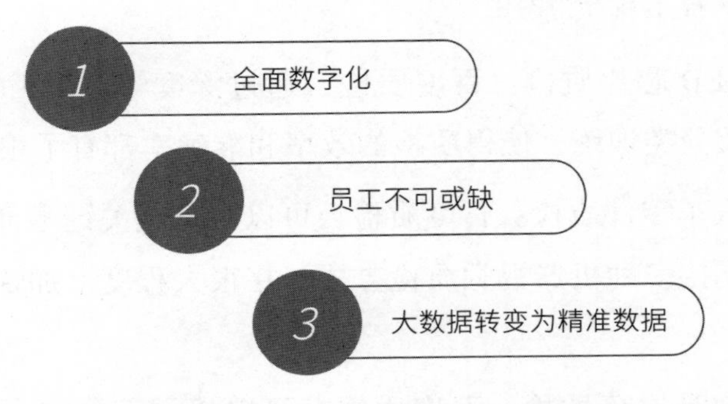

图4-5 安贝格工厂的3个重要特点

1. 全面数字化

安贝格工厂的核心特点是实现了全面数字化，其生产过程是“机器控制机器的生产”。

安贝格工厂生产的产品是品牌为SIMATIC的可编程逻辑控制器（PLC）及相关产品，这些产品本身具有类似中央处理器的控制功能。利用全方位数字化，产品和生产设备实现了互联互通，保证了生产过程的自动化。

在安贝格工厂的生产线上，产品通过产品代码自行控制、调节自身的制造过程，通过通信设备，产品能够传达给生产设备自身的生产标准、下一步要进行的程序等。通过产品和生产设备的通信，所有的生产流程都能够实现计算机控制并不断进行算法优化。

除了生产线的自动化外，安贝格工厂的原料配送也实现了自动化和信息化。当生产线需要某种原料时，系统会告知工作人员，工作人员在扫描物料样品的二维码后，信息就会传输到自动化仓库，接着物料就会被传送带自动传送到生产线上。

从物料配送到产品生产的整个流程中，工人需要做的工作只有一小部分。在全面数字化的影响下，安贝格工厂的生产路径不断优化，生产效率也大幅提高。

2. 员工不可或缺

工厂的生产流程已经实现高度的数字化和自动化，但安贝格工厂的员工依旧不可或缺。除了日常巡查车间、检查自身负责的生产环节的进度外，员工还需要不断为工厂提出配送生产过程中需要改进的意见。在对安贝格工厂的生产力具有促进作用的各因素中，员工提出改进意见的因素占比40%，显然不可小觑。此外，为鼓励员工不断提出改进意见，安贝格工厂会为提出改善意见的员工发放相应的奖金。

3. 大数据转变为精准数据

智能工厂的关键是将工厂生产过程中不断产生的数据收集起来，经过挖掘、分析和管理使数据变得更准确、更符合智能工厂生产的需要。安贝格工厂每天都会处理大量的数据，利用人工智能的智能分析手段和分类推送给员工的方式，将大数据转变为精准数据，使数据变得更有价值。

4.3.3 海尔：引入新技术，打造互联工厂

一直以来，海尔都是技术的引领者和新理念的倡导者。在人工智能的发展如火如荼的今天，海尔更是不会停下自己的脚步。互联工厂是海尔入局“人工智能 + 工业”的经典案例，该工厂坚持以用户为中心，满足用户需求，提升用户体验，实现产品迭代升级。

此外，海尔互联工厂还借助模块化技术，提高了 20% 的生产效率，产品开发周期与运营成本也相应地缩短了 20%。这样的良性循环最终提升了库存周转率以及能源利用率。那么，人工智能是如何改变海尔互联工厂的生产呢？具体体现在以下 4 个方面。

一是模块化生产为海尔互联工厂的智能制造奠定了基础。原本需要 300 多个零件的冰箱，现在借助模块化技术，只需要 23 个模块就能轻松生产。

二是海尔借助前沿技术进行自动化、批量化、柔性化生产。

三是通过物联网、互联网和务联网三网的融合，在工业生产中实现人人互联、机机互联、人机互联与机物互联。

四是海尔致力于实现产品智能和工厂智能。产品智能是结合人工智能，借助自然语言处理使海尔的智能冰箱可以听懂用户的语言，并执行相关操作；工厂智能是借助各项先进技术，通过机器完成不同的订单类型以及订单数量，同时根据具体情况的变化，进行生产方式的自动调整优化。

在这样的智能生产系统下，海尔互联工厂可以充分满足用户的个性化需求，加速产品的迭代升级，获得更丰厚的盈利。在我国，海尔互联工厂是工业转型升级的一个重要标志；在全球，海尔互联工厂是制造企业对外输出的重要体现。对于整个工业生态来说，海尔互联工厂是一个必不可少的存在。

第 5 章

人工智能 + 教育：探索新型教育模式

随着人工智能技术的发展，图像识别、语音识别等人工智能技术的应用范围也愈加广泛。在教育领域，人工智能也极大地影响了教育模式、教学场景等的发展。人工智能为教育的发展创造了新的机遇，也使得传统教育能够在先进技术的支持下逐步进行变革。在双方融合的趋势下，许多互联网企业或者教育企业都纷纷进行人工智能在教育领域的应用尝试，积极凭借自身力量推动教育事业的发展。

5.1 教育的 3 个阶段与发展趋势

技术的进步推动了教育行业的变革。从传统教育到数字教育，再到智能教育，人工智能技术的助力功不可没。在人工智能、大数据、5G 等技术的推动下，学校的教学模式、校园管理的方方面面都向着智能化的方向发展，智能教育也得以深化。

5.1.1 传统教育→数字教育→智能教育

随着人工智能的发展，教育领域将会受到很大的冲击。人工智能将会应用于教育教学及管理的各环节，智能教育也将会更加深刻、更加广泛地覆盖教育领域的方方面面。智能教育和此前的信息化教育有何不同？此前的教育信息化是教育手段的信息化，只是把教育过程中呈现、传输、记录的方式改成数字模式，并没有带来教育理念、体系和教学内容上的变化。而智能教育是指教育从教学理念、教学模式和内容等方面要有突破性的变革。

1. 从传统教育到数字教育

人工智能在教育领域的落地应用并不是直接在传统教育的基础上进行的，传统教育到数字教育的转变为人工智能在教育领域的应用奠定了基础。

传统教育重理论轻实践、重知识灌输轻思考，这与现代社会的发展是不相适应的。现代教育理念坚持以人为本、注重因材施教、注重学生的全面发展、注重教育内容的开放性等。

随着网络技术的普及，信息技术对社会发展的影响越来越大。我国自 20 世纪 90 年代开始提倡教育信息化，并十分重视教育信息化工作。数字化技术改变了传统的教育形态，使信息的表达和传递产生了质的转变，计算机辅助教学、远程教育、网络教学等使教学变得更加开放共享。

信息化教育即数字教育，指的是在现代教育理念的指导下，运用各种新兴的信息技术，开发并合理配置教育资源，优化教学各环节，以提高学生信息素养为目标的一种新的教育方式。数字教育中所运用的计算机技术、多媒体技术是保证知识高效传播的有效工具。各种网络课程、数字图书、专题网站使学生能够进行更便捷的学习。

数字教育过程中，虽然提倡以学生为中心，但在事实上还是以教师为主导来进行多媒体辅助教学、远程教学等。总之，数字教育只是对教育的某一环节进行了数字化，只是给教学提供了一些先进的技术手段，在一定程度上提高了教学的质量与效率。

数字教育虽然只是对传统教育中的某些部分进行了变革，但这仍为人工智能进入教育领域打下了基础，使人工智能进入教育领域有了切入点。

2. 从数字教育到智能教育

智能教育的目的是培养具有较强思维能力及创造能力的人才。相对于数字教育各种信息技术在教育领域中的应用，智能教育可以说是对数字教育系统的升级。智能教育将依托5G、大数据、云计算、VR/AR等先进技术，实现完整的信息生态环境。智能教育将通过移动端、个性化学习支持系统等实现以学生为中心的泛在学习。

在智能教育的发展中，研究关注的重点在于技术的智能方面。即着眼于物的智慧，更多地关注智能技术，重点在于技术层面的挖掘，强调将技术融入学校、家庭等现实教学环境和在线教学、远程教学等虚拟教学环境。

在智能教育的基础上，充分利用现代信息技术能够实现智慧化教学、智慧化学习、智慧化评价、智慧化管理等，能够提高学生的思维能力和创造能力。同时，智能化教育能够实现教育由不完全适应社会发展向适应社会发展再向引领社会发展的转变。

智能教育除了要与5G、云计算、大数据这些先进技术相结合之外，更重要的是它也需要教育体制的优化和教育理念的普遍进步。这就对当下的教育理念和教育模式提出了新的要求。

一是要求教师从知识传授者转变为学生知识的提供者和辅助者，学生也应发生态度上的转变，以积极主动的心态来进行自主学习。二是教学要从机械的强化训练转变到重视活动的设计与引导，并适时进行评价，以对学习活动进行干预而达到更好的学习效果。三是要支持多种学习方式的混合。四是重视即时反馈与评价。借助技术获取教育过程中的数据，依据精确的数据对问题精准定位，使评价由经验主义走向数据支持。

智能教育在各种技术的支持下将会获得更好的发展，将会覆盖教育过程中的更多环节，同时也将会覆盖更多的地区。同时，智能教育的推广也会推动教育理念及教育模式的变革，使师生得到更好的教学与学习体验。

5.1.2 人工智能为教育带来新机遇

目前，大数据和人工智能在各行各业都有所应用，自然也包括教育行业。在大数据和人工智能的支持下，教育行业的许多应用已经进入深水期，教学模式正在逐渐发生改变。

从教学过程来看，以大数据技术为依托的人工智能系统可以使教育在授课、学习、考评、管理等方面都变得多样化，如图5-1所示。

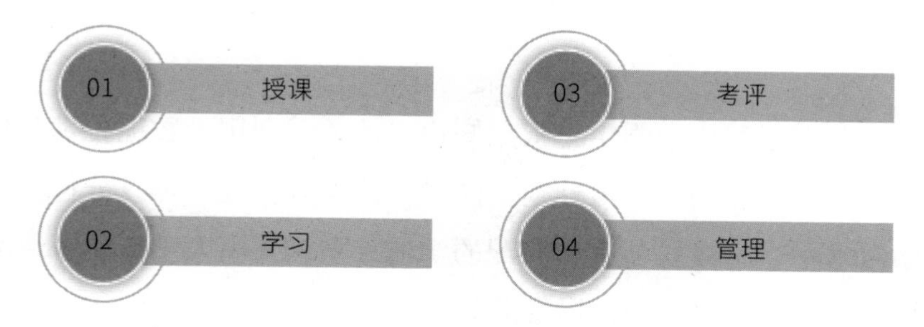

图5-1 人工智能系统在教学中的表现

1. 授课

人工智能系统能够实现自适应教育及个性化教学。在教学方式方面，教师拥有了更为多样的教学手段，上课时不再只依靠一本教科书，而是可以调取大量的优质教学资源，以多种形式展现给学生。

例如，语音识别和图像识别在教学中的应用提高了师生的教学体验。教师可以将一个英语句子拍照上传到云端，系统会用合适的语气阅读这句话。教师还可以在语音测评系统上输入这个句子，让学生跟读这句话，这样系统就会做出测评并为学生打分。

同时，VR、AR、大数据与人工智能系统的结合，能够很好地还原教学场景，让学生爱上学习，学习效果也能有质的飞跃。例如谷歌通过引入AR、VR技术，使教学应用“实境教学”成为现实，成功地改变了课堂的授课方式。

在教学过程中，通过收集、分析学生学习过程中产生的数据，教师能够准确了解每个学生的知识点掌握情况，能够有针对性地为学生布置作业，达到因材施教的效果。

2. 学习

在学习过程中，学生可根据知识点的关系利用大数据技术制作知识图谱，从而制订学习计划。同时，数据分析技术可以分析学生的学习水平，并建立与之相匹配的学习计划，并由人工智能系统为学生提供个性化的辅导，以帮助学生高效学习。

例如，此前需要花费 2 个小时来练习的题目，也许其中需要掌握的知识点只需花费半个小时便可学会。而人工智能系统就可以评估学生的学习成果，并有针对性地为学生推荐合适的练习，在节约时间的同时，也能达到更好的学习效果。

同时，图像识别技术也可以提高学生的学习效率。学生可以通过手机拍摄教材或作业内容上传至系统，人工智能系统可以分析照片和文本，并显示出对应的要点与难点。这样的学习流程为学生的自主学习提供了更多可能性。

3. 考评

在传统教育中，考试与评价会花费教师大量的时间。而现在，人工智能和大数据在教育领域的应用，使得自动批改和个性化反馈成为现实。

利用人工智能系统进行考评时，教师只需将试卷批量进行扫描，系统就可以实时统计并显示已扫描试卷的试卷份数、平均分、最高分和最集中的错题及其对应的知识点，这些信息方便教师对考试情况进行全面、实时的分析。

即便是对几十万、几百万份试卷进行分析，人工智能系统也能通过图文识别和文本检索技术快速检查所有试卷，并迅速提取、标注出存在问题的试卷，实现智能测评。

4. 管理

如果说学生大多关注“学”的部分，那么学校则需要在教学之外充分分析教育行为数据，以便做好管理工作。利用人工智能系统，充分考虑教务处、学生处、校务处等部门的管理需求，学校可进一步收集、记录、分析教育行为数据，更全面地了解教学的真实形态，有效推进教学信息化。

目前，一些学校已经建立了学生画像、学生行为预警、学生综合数据检索等体系，以便更好地分析学生在专业学习上的潜能，从而为学生提供个性化的管理方案。

例如，面对学生不同的选课需求，学校应该如何合理地排课？在尚未应用人工智能系统的时候，教师排课需要花费几周的时间，并且不能保证排课能够满足学生的多样化需求。现在用人工智能系统进行排课，学生只需将自己的选课需求上传至系统，系统就可以整合教室与教师资源进行快速的排课，有效地提高了排课的效率与学生满意度。

大数据、人工智能在教育领域的应用才刚刚起步，未来，以大数据为依托的人工智能可以实现教育个性化，使因材施教、因人施教成为现实。

5.1.3 “5G+ 人工智能”引爆智能教育

5G 与人工智能的结合在推动人工智能发展的同时也会推动人

工智能在教育领域的应用，从而使智能教育获得突破式发展。5G 将打破当前教育领域的技术壁垒，推动教育行业的变革，5G 将与人工智能一起赋能教育，推动智能教育的发展和广泛应用。

5G 是能够为教育带来革命性影响的技术。随着 5G 时代的到来，其所提供的高传输速率、大宽带、低时延的优质网络，能够打破曾经诸多难以实现的技术壁垒，主要表现在 3 个方面，如图 5-2 所示。

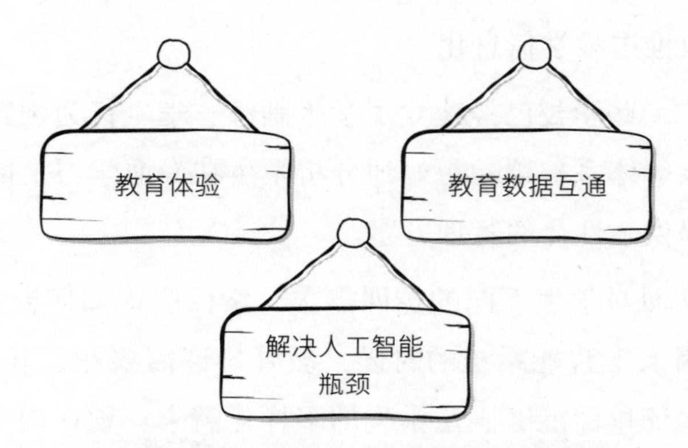

图 5-2　5G 打破教育领域壁垒的 3 个表现

1. 教育体验

5G 技术带来的是传输速度、网络质量的革命，这会影响教育的体验性。

5G 网络时延将大幅降低，这能够使直播等教学场景更加流畅，能够更好地实现师生之间的实时互动。同时，低时延、大带宽的 5G 网络也将推动虚拟现实技术的发展，这使得 AR/VR 在教育中的应用将更加多元化。场景教学、模拟教学、真人陪练等使学生能够在极其逼真的虚拟环境中感受真实的学习场景。

2. 教育数据互通

在5G网络的支持下，未来的世界将会实现万物互联，这能够解决教育数据难以互通的问题。

由于技术的限制，许多教育领域的人工智能应用对数据的采集只存在于终端，不同终端的数据之间没有互通，不同人工智能应用场景下的数据不能反映学生整体的教育情况。

而在未来，5G网络的普及使万物互联成为现实，教育领域的各种人工智能应用都将向着具备物联性的方向发展。万物互联能够使人工智能应用采集到更大量的、更加复杂的数据，人工智能应用在经过大数据分析后，能够全面了解学生及教师的情况，人工智能应用之间的互联互通使互动方式也更加多样和深入。

3. 解决人工智能瓶颈

5G能够解决人工智能发展的瓶颈，使其获得进一步发展。

人工智能已经在早教、素质教育等领域实现了应用，然而目前的人工智能技术仍处于发展的初级阶段。对于人工智能来说，其发展的瓶颈在于智能机器人深度学习能力的提高。智能机器人应该具备深度学习能力，可以对数据进行筛选、整理以及分析，并通过学习知识来提升自己。然而在现在这个信息大爆炸的时代中，大量的数据处理对于智能机器人来说是十分困难的。

而5G就可以弥补制约人工智能发展的短板，提升智能机器人的学习能力和速度，推动人工智能的发展。在未来，人工智能有望依托5G网络实现教育大规模覆盖并满足学生的个性化教学要求。

5.1.4 中兴通讯：让人工智能进入校园

中兴通讯和大连理工大学曾签署战略合作协议，双方计划在5G教学、智慧校园等方面开展合作，以5G为基础建立实验室，提升科研教学水平，共同研究以5G为依托的智慧校园应用方案及应用建设，加快5G校园应用的研发，共同打造5G智慧校园。

目前，大连理工大学的校园建设已由数字校园转入智慧校园阶段。未来，在校园的业务与各种技术新建和结合的情况下，需要全新的信息通信技术来支持更多样化的教学模式、科研协作模式和管理模式。而5G与人工智能、云计算、大数据等新兴技术的融合应用，使智慧校园业务创新成为现实。

在打造智慧化校园过程中，网络作为承接数据采集器的数据传输的纽带，是智慧校园建设的基础。5G技术伴随着5G商用步伐的加速将贯穿于智慧校园的通信系统中，体现在数据感知、网络传输、校园管理等方面，成为智慧校园建设的新动力。

中兴通讯与大连理工大学的合作将在科研教学、云VR教育、远程视频互动、校园安防等场景一步步深化，探索5G和智慧校园应用的结合，推动智慧校园的建设和发展。

作为5G研发、应用的领先者，中兴通讯积极地致力于5G核心领域的研发和投入。在系统方案中，中兴通讯提供高速率、低时延和广连接的5G网络，广泛应用于教育领域的模组及终端。

同时，中兴通讯与全球百余家行业龙头合作伙伴签署合作协议，将5G、AR/VR、人工智能、物联网等技术充分应用于教育领域中，取得了丰硕的成果，并逐步在福建、辽宁等地与各高校开展了一系列合作及5G应用进校园的体验活动。

5.2 教学场景与校园管理的创新

人工智能在教育领域的应用将极大地变革教学场景和校园管理模式，使其变得更加智能。人工智能与VR/AR技术的融合将打造出新的教学场景，实现虚拟现实场景与教学场景的结合，同时，人工智能系统也会实现校园的可视化、智能化管理，进一步保证校园安全。

5.2.1 VR/AR走进课堂

人工智能与VR/AR等虚拟现实技术的结合，将创造出全新的教学场景，使师生体验到全新的教学体验，可极大地激发学生学习的积极性，提升学生的学习效率。人工智能与VR/AR等虚拟现实技术的结合将为师生提供互动性的沉浸式体验，主要体现在以下几个方面。

1. 虚拟现实+课堂教学

在教学场景中，虚拟现实技术可通过沉浸式的交互方式，将抽象的知识变得形象化，为学生提供身临其境般的沉浸式学习体验，激发学生获取知识的主动性。

根据学科的不同，虚拟现实技术发挥的作用也不相同，主要包括三维物体的展示、虚拟空间的营造、虚拟场景的营造等方面的应用。

2. 虚拟现实＋科学实验

在学校现有的条件下，有些实验是极其危险而不允许学生做的，如涉及放射性物质的实验。而利用虚拟现实技术，这些在现实中难以实现的实验都可在虚拟现实中实现。

在教学活动中，许多的实验器材由于价格昂贵难以被普及。而利用虚拟现实技术可建立虚拟实验室，学生可以通过在这个虚拟实验室中操作虚拟实验器材来进行实验，也可以在虚拟现实中感受实验的结果。

虚拟现实中的实验既不消耗实物器材，也不受外界条件的限制，学生还可重复进行操作。同时，在虚拟现实中进行实验还具有绝对的安全性，即便实验失败也不会影响学生的人身安全。

除了能够在虚拟现实中进行一些现实中难以实现的实验外，与虚拟现实技术结合在一起的人工智能系统还可以精准分析实验数据，帮助学生记录实验数据和计算实验结果。

在课堂中引入虚拟现实教学后，能够很好地提高学生学习的兴趣和学习效率。其在课堂授课中的优势主要体现在 4 个方面，如图 5-3 所示。

图 5-3　虚拟现实技术应用到教学中的优势

（1）避免学生在课堂分心

在传统的课堂教学中，学生在课堂分心是十分常见的事情，窗外的噪声、空中飞过的飞机等都可能会使学生上课分心，还有不少学生会在课堂上看手机或交头接耳等。而若将VR技术用于课堂，这些问题便可以被解决。虚拟现实为学生提供逼真的学习场景，能够更好地吸引学生的注意力，同时也有效减少了周边环境对学生的影响。

（2）消除语言障碍

在当今多元化的社会中，语言障碍会为学生的学习带来诸多不便。假如学生想与外国的老师沟通，可能就要掌握他们的语言，但借助VR设备的语言翻译功能，学生就可顺利地与语言本来不通的外国老师沟通。全息投影技术与VR技术的结合能够轻松地将各国的名师“请”到课堂上，为学生指点迷津。

（3）促进学生深度交流

学生之间交流时，可以在交流中不断加深对知识的认知，从而将知识掌握得更加牢靠。VR课堂可以将不同学习习惯的学生联系在一起，学生们可以及时分享他们对事物的不同看法。这有助于他们借助分享观点进行深度学习。

（4）实现远程学习

有了VR设备，学生能够随时随地学习，家里也能变为课堂。学生只要佩戴好VR设备，就可以与同学及老师在虚拟空间里交流学习，这使得远程学习成为现实。并且，利用VR设备，学生在家里也能获得像是在学校课堂上课的逼真的学习体验。

未来几年，虚拟现实技术在教育中的应用会更加广泛。人工智能与虚拟现实技术的结合创新了教学场景，使教学场景在虚拟现实中得以实现。这使得一些在现实中难以实现的场景教学和培训等能够在虚拟现实中实现。学生的学习与教师的授课都打破了时间和空间的限制，同时，在虚拟场景中，学生与教师也能够获得更好的学习与教学体验。

5.2.2 人工智能实现可视化校园管理

借助 5G、大数据和人工智能等技术，智能教学系统能够实现对课堂、学生学习等的智能分析和可视化管理，主要表现在 6 个方面，如图 5-4 所示。

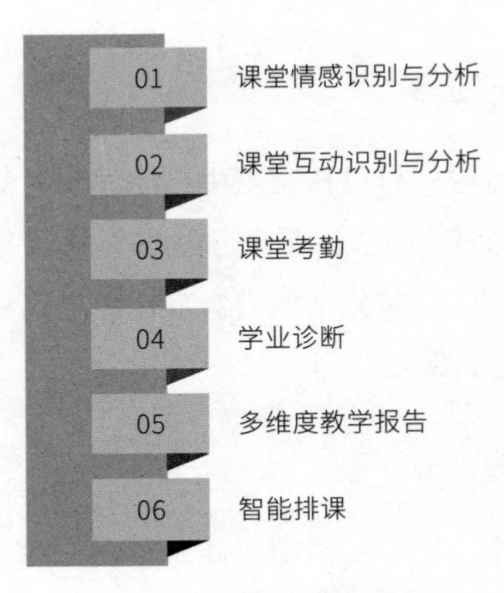

图 5-4 智能教学系统的表现

1. 课堂情感识别与分析

智能教学系统能够通过人工智能从学生课堂视频数据中分析课堂情感占比，分析学生情感变化，并得出科学的统计与分析数据。老师通过这些数据可以了解自己授课内容对学生的吸引力，并且能够了解学生的学习状态，从而调整教学进度和教学方法，提高教学效率。

2. 课堂互动识别与分析

利用语音识别技术，智能教学系统能够收集老师授课过程中师生互动的数据，记录学生的发言和老师的授课内容。通过对记录数据的分析，智能教学系统能够提取互动的关键词并对其进行标记，能够提取出活跃课堂氛围的正面词汇。这些关键词汇能够帮助老师提高课堂互动效果，提升学生学习效率。

3. 课堂考勤

智能教学系统通过面部识别等技术，可以智能记录学生考勤。传统的教学中，老师往往会通过点名的方式记录学生的考勤。但是，大学公共课等大班课学生众多，点名会耗费很多的课上时间，同时也难以避免代答“到”的情况。而智能教学系统能够对学生进行面部识别，统计课堂的出勤率。面部识别记录考勤的方式既节省了老师上课的时间，也提高了学生的出勤率。

4. 学业诊断

依托人工智能技术，智能教学系统利用线上线下相结合的测试方法，能够得出每个学生的评测结果、学业报告和独特的提升计划。同时，系统能够针对不同学生的不同需求准确推送学习资源，从而实现因材施教，帮助老师全面督导学生学习。

5. 多维度教学报告

智能教学系统能够针对不同群体类型，如老师、家长、学生等总结出多维度教学或学生成长报告。报告的内容并不是固定的，智能教学系统能够提供灵活可定制的数据分析方向，能够满足不同群体的分析需求。同时，通过对学生历史数据的分析，智能教学系统能够形成学生个性化的个人成长档案。

6. 智能排课

智能教学系统能够利用人工智能技术分析出最优排课组合，能够整合传统排课和分层走班排课。同时，智能教学系统还能够结合学生的历史成绩、兴趣爱好等信息和老师的教学数据来智能排课。

通过以上几个方面的可视化管理，智能教学系统能够收集学生上课及学习过程中方方面面的数据，并以此得出科学的报告和实现智能排课等。同时，智能教学系统所提供的数据还可为老师的教学决策提供辅助参考。

5.2.3 智能监控让校园更安全

学生管理是一件很难的事情，除了为他们讲解相应的安全防范知识以外，老师还要随时关注他们在学校的动向。但是学校里的学生有很多，老师却相对较少，老师很难照顾过来众多的学生。但现在，电子班牌与智慧监控的出现解决了这方面的难题，提高了校园管理的安全性。

电子班牌是校园文化建设的系统之一，也是学校工作、文化展示、课堂管理等实现智慧校园的应用载体。

电子班牌通常安装在教室门口，它可以展示班级信息、班级活动信息、学校通知信息、当日课程信息等，将班级工作与校园管理完美融合。

每天到教室后，学生可以在电子班牌上签到，老师则可以通过手机实时查看学生进班的消息。当一个班级想要组织活动时，就可以提前在电子班牌上查询各个教室的使用情况，并预订空闲的教室，实现资源的完美利用。此外，智慧电子班牌与手机联动时，还可以解决一些校园日常突发问题，如教室的灯不亮了，只要点开手机屏幕，就可以一键呼唤维修。

电子班牌是教育信息化的具体体现之一，有利于学校提高校园管理的质量。一方面，利用电子班牌能够及时发布信息，包括课表、活动等；另一方面，电子班牌可以代替老师点到的考勤方式，使考勤管理更加智能。总之，电子班牌能够提高校园管理的及时性、有效性，提高教学管理的质量。

处于青春期的学生在处理问题时容易冲动，若因此引发了校园暴力事件，后果将是十分严重的。而调查结果显示，校园暴力经常出现在中午或课后等时间段。此外，一些学生缺乏安全意识，容易使自身处于危险境地，一些不法分子也可能会侵入校园等，这些情况都会给校园的安全带来极大隐患。

而以人工智能技术为核心的智慧监控系统就可以有效地规避这些风险。智慧监控系统会覆盖学校大门、学生寝室、食堂、办公楼等场所，它可以实现24小时监控，对发现的异常情况可以提前预警。其监控的记录也能保持一个月以上，便于分析取证。应急广播与信息公布系统遍布所有校内建筑，可在紧急情况时实现点对点喊话，确保消息传递到位。同时，该系统对于采集到的数据还可以进行大数据分析，为未来的校园安全工作的开展提供依据。

智慧监控的主要功能包括4个方面，如图5–5所示。

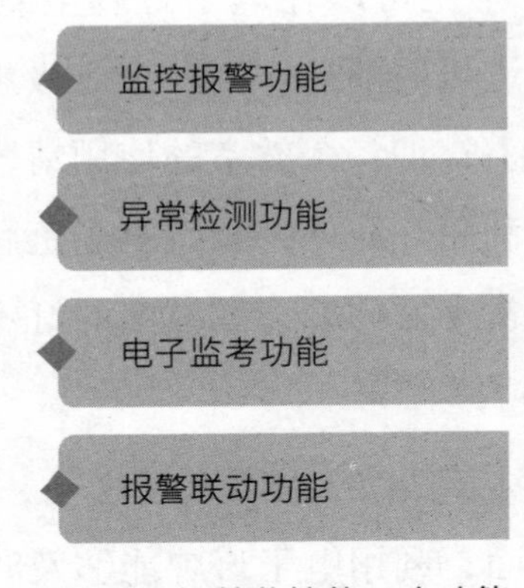

图5-5 智慧监控的4个功能

1. 监控报警功能

监控报警功能是指布置在校园门口、周边围墙、公共场所、学生公寓等区域的监控设备能够向监控中心提供监控区域的实时信息。它是智慧视频监控系统中最基本的功能。

2. 异常检测功能

智慧监控系统具有异常检测功能，通过后台软件对服务器获取的信息的分析，智慧监控系统能够对于非人员集中区域的人员密度突然增加或出入异常等情况进行及时报警，以便监控人员排查异常，防患于未然，防止校园暴力等事件的发生。例如，有人翻墙进入校园或有人在夜晚私自进入办公室时，智慧监控系统能够及时发现这些情况并报警，通知监控人员对该区域进行调查，辨别是否出现安全事故。

3. 电子监考功能

智慧监控系统具有电子监考功能，借助监控系统的视频传输，考场的监控人员可以查看学生考场的动向，以便规避作弊情况的发生。假如发现作弊状况，系统可随时抓拍，保留证据，而考场若出现意外着火等状况，系统也能够及时报警。

4. 报警联动功能

报警联动功能是指在监控区域装上烟雾探测器等设备，将其和前端设备连接。前端设备上有报警输入、输出接口，一旦有火灾等事故发生，报警设备就会被触发并将信息传递至监控中心，监控中心对事发地图像调查后依据情况进行处理，并通过广播疏散学生以降低事故损失。

电子班牌和智慧监控是建设智慧校园的基础手段，虽然在目前，无论是电子班牌还是智慧监控都处于试验阶段，但随着5G的成熟和其对人工智能技术的赋能，智慧校园中的各种智能应用都会获得进一步的完善，最终形成一个实用的、稳定的、能够全面保障校园安全的系统。

5.3 人工智能在教育领域的应用

人工智能在教育领域的应用已成趋势，一些教育企业或人工智能企业都纷纷开展了相关尝试，并取得了一些成果。魔力学院、百度教育、阅面科技等企业就是其中的代表。

5.3.1 魔力学院：智能教学系统打造教学新模式

运用人工智能变革教学模式一直是教育界的热门话题之一。5G、大数据及深度学习等技术的助力使得人工智能教育的应用实现了井喷式的发展。而这其中魔力学院的智能教学系统就依托各种先进技术变革了教学模式。

在学生接受教育的过程中，优质教育资源争夺战一直不曾停歇，但是事实上，优质的教育资源非常稀缺，不是所有的学生都能得到名师指点。而5G与人工智能给教育行业带来的变革之一就是能够打破优质教育资源的区域限制，实现优质教育资源的共享。

跟随时代发展的脚步，魔力学院依托人工智能技术打造了自己的智能教学系统。在智能教学系统的支持下，魔力学院能够给学生带来新奇的学习体验，主要表现在 3 个方面，如图 5–6 所示。

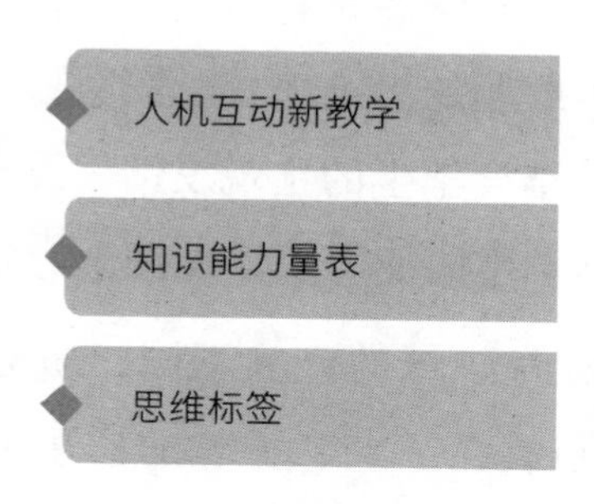

图 5-6　魔力学院的 3 个教学优势

1. 人机互动新教学

魔力学院提供的视频课程是一种人机互动的教学模式，不仅有优质的教学内容，学生还可以在课堂页面上记录笔记。同时，在学习过程中，学生可自由选择测试时间，实时掌握自身的学习状态。相应地，平台会在学生学习过程中收集数据，调整教学内容。

传统学习模式多为一对一的教学场景，而这种人机互动的教学模式将一节课拆分成多个节点。当学生完成一个学习过程后，智能教学系统就能清楚知晓学生对某个知识点的掌握情况，并通过设置不同难度的问题判断出学生当前的学习状况，从而进行推荐学习。

2. 知识能力量表

在学生的学习过程中，智能教学系统能够依据收集到的学习数据生成各科知识能力量表。学生通过知识能力量表，可清晰了解自己的各科能力状况。

3. 思维标签

思维标签是指智能教学系统将一道题目依据思维的层次划分成多个步骤，引导学生解题的思维模式。同时，智能教学系统会收集学生的学习数据，并结合学生的主观反馈，综合衡量学生的知识点掌握程度，最终依据学生的能力水平推送学习解决方案。

与其他互联网教育领域的产品不同，魔力学院从一开始就将教学模式变革的重心放在了人工智能的应用上，即直接用人工智能机器替代老师进行讲课，然后再构建智能教学系统。许多业界人士并不看好这种做法，但是魔力学院之后的持续营收证明了这条道路的正确性。如今，在人工智能老师领域，魔力学院已经走得很远，其已经发展成可以从教、练、测等多个角度提供教学的公司。

魔力学院的智能教学并不局限于GMAT考试，其还开发了GRE、考研英语等人工智能老师，帮助数千名学生在短时间内实现了出国与考研的梦想。

人工智能解决了教育资源的稀缺性问题，随着人工智能的发展和基础设施的完善，人工智能老师将会普及到更多的地区，更多的学生能够接受到更好的教育。而这也是魔力学院研发智能教学系统与人工智能老师的初衷。

5.3.2 百度教育：百度教育大脑不断更新

教育的智能化发展已成趋势，在这种潮流下，百度自然也不会错过AI教育的发展机遇，百度教育大脑就是其中的代表产品。

百度教育大脑以百度大脑为基础，并融合人工智能、大数据等技术，赋能多种教育场景，为用户提供智能教育服务。自推出至今，百度教育大脑几经迭代，已经更新到了 3.0 版本。

百度教育大脑 1.0 实现了内容数字化；百度教育大脑 2.0 实现了内容结构化；而百度教育大脑 3.0 则在对用户进行分析研究和应用先进人工智能技术的基础上，通过识别用户画像，能够对用户进行个性化服务。同时，百度教育大脑 3.0 可以对第三方开放，帮助合作伙伴构建智能化教育产品。

百度教育公布的数据显示，百度教育大脑 3.0 中包括了 2 亿多份文档、20 多万部正版图书、5 万多套有声读物、800 多万条优质音频及内容丰富的新课标学科资源。百度教育大脑不仅开启了人工智能教育实验室，还极大地改变了传统教学模式，使课堂氛围更加活跃。

1. 开启人工智能教育实验室

百度教育大脑与北京师范大学及河北省白洋淀高级中学联手共建了“雄安新区人工智能教育实验室”。该实验室以人工智能、大数据、物联网等先进技术为依托，能够提供人工智能教学、STEAM 教育和教师新技术能力培训等服务。

此外，百度教育大脑还在安徽省合肥市建立了教育实验室，其目的是以人工智能技术为依托对教育进行升级，帮助安徽省实现智慧教育的目标。

2. 百度教育大脑让课堂“活”起来

知识无界限，但传统的教学模式无法解决教育资源不均衡的问题。如何让优质的教育资源实现共享？百度教育大脑能够十分有效地解决这一问题：百度教育大脑通过AI技术打通了共享渠道，让学生不受区域、年龄限制，更加方便地接触到全面的学习资源。

此外，百度教育大脑借助网络传播速度快、范围广等优势，实现了“何处有求知欲，何处就有课堂”，让学生可以在PC端或移动端随时学习，让传统的只局限于学校等教育场所的课堂“活”了起来。

5.3.3 阅面科技：人脸识别保证校园安全

除了教学外，校园也是人工智能技术落地的重要场景。阅面科技以人脸识别为重点的人工智能技术与校园管理进行深度融合，从交互、数据、服务等方向出发，打造一体化智慧校园解决方案。

阅面科技将这一方案落地杭州银湖中学，其在硬件组成上包含人证核验终端、人脸识别摄像机、人脸识别多用终端、人脸识别速通门等设备；在软件组成上，其大数据管理系统包含智能宿舍管理系统、智能人脸门禁管理系统、智能考勤管理系统等模块。该方案旨在让先进的AI技术应用全面渗透到校园场景之中，从而解决学校管理面临的各类痛点。

例如，银湖中学此前的进出口管理依靠门卫登记，访客、学生进出检查、证件登记等工作也都由门卫完成，这就造成了门卫工作繁重、数据严重滞后等问题，给学校教务工作开展带来不便。同时，学校门卫稍有疏忽就可能会引发校园安全问题。而在引入阅面科技的人证核验终端、人脸识别摄像机、人脸识别速通门等 AI 产品以后，这些问题已经得到极大改善。

1. 人证核验终端

当家长探访学生，或有校外人员到访时，需刷身份证验证身份，并注册访客信息，再刷脸通行。此举既改善了以往纸质登记方式的费时费力的弊端，又便捷安全。

2. 人脸识别通道闸

当学生进出学校时，需刷脸才能通过，系统能够随时记录学生的动向，并将信息发送到后台，使学校能够及时对学生出行进行管理。

3. 人脸抓拍摄像机

学校依托人脸抓拍摄像机可建立学校的实时动态预警系统，以防外来不法人员潜入校园。

以上这些设备的使用极大提高了银湖中学的事前预警能力及事后追溯能力，将实时数据与校园安全紧密结合，提高了学校管理水平，推动校园向数字化、智能化方向转型。

阅面科技表示，人脸识别正在受到越来越多学校的青睐，这是由于其在安全防范及智能化管理上体现的巨大价值。如人脸识别技术识别精准度可达99.99%，远高于其他识别技术，可弥补刷卡式门禁、指纹识别的安全隐患。此外，人脸识别可收集以往的识别数据，方便学校对学生行为进行数据分析，向着智慧校园的方向转变。

目前，阅面科技已凭借其优质的解决方案及突出的产品优势，吸引了众多教育部门及学校的关注与合作。例如，为了解决上海闵行区教育学院会务烦琐的问题，阅面科技以人脸识别多用终端+智能考勤管理系统，帮助该机构实现“刷脸”开会。此外，阅面科技还与上海金山中学合作为其打造了智能教职工考勤管理、智能宿舍出入口管理等系统，与广西兴业县第四初级中学合作为其打造了校门口进出智能管理系统。

阅面科技AI智慧校园方案之所以被众多机构认可，关键在于阅面科技拥有成熟的技术、良好的产品体验，能够为每个校园场景设计完善的解决方案。

5.4 人工智能时代，教师如何转型

人工智能在教育领域的应用会极大地改变当前的教学模式，更多新技术、新系统会逐步融入教室甚至整个校园中。那么，面对这一趋势，教师该如何应对呢？为适应这些改变，教师除了要掌握新技术的应用外，还要更新自身定位、转变教学方式，做好自身的转型升级。

5.4.1 教师角色的变化与再造

在智能教育时代，教育环境全方位的变化对传统教师提出了诸多方面的挑战，角色再造将是每一位传统教师必须经过的考验。

即便有了更多先进技术的支持，未来的教师也不会轻松。尽管人工智能系统能够在备课、教学过程中和课后辅导中为教师提供全面的、科学的统计及分析数据，甚至能够自动生成智能化的解决方案，但教师的任务并不只是传递知识，其更多的职责变成了指导学生的整体发展规划。在未来教学的需求之下，传统教师的角色再造主要表现在 3 个方面，如图 5–7 所示。

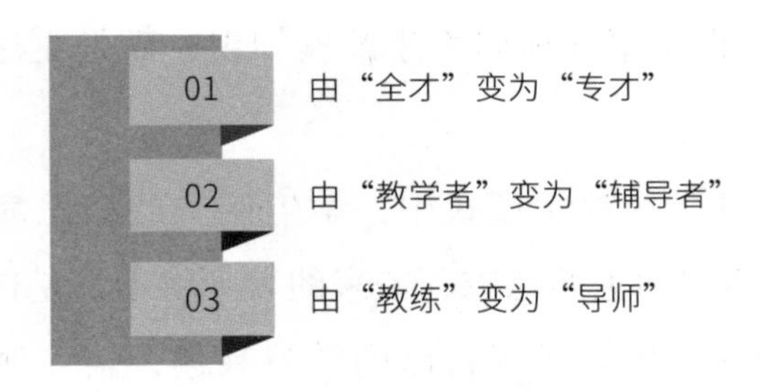

图 5-7 传统教师角色再造的 3 个表现

1. 由“全才”变为“专才”

传统教师角色再造的第一方面表现为从“全能型教师”转变为“专业型教师”。此前，传统教师因为没有专业性的分工，所以教师每天都要进行备课、制作课件、授课、批改作业、组织课外活动和家长会等。

而在智能教育时代，学生的个性化需求更加鲜明，教学课程也更加开放。教师不再需要作为单独的个体完成所有教学任务，而会有教学团队全面支持其完成教学。

教学团队中有专注于课程设计的专家，有负责教学指导的班主任，有设计实践课程的工程试验教师等。同时，数据分析师、学业指导教师等新兴的教师类型也加入了教师团队中。教师团队是多元化的，每个人的工作都有明确的分工。分化的工作将增强传统教师的专业化素养，从而提升其工作的效率和质量。

2. 由“教学者”变为“辅导者”

传统教师角色再造的第二方面表现为从“教学者”转变成“辅导者”，教师不再是单向地向学生灌输知识，而是更注重对学生的辅助引导。

一方面，以往的教学模式中，学生接受的知识都是统一固定的，没有充分体现学生的意志。未来的教师将不只是传递知识，而且更多的是帮助学生去发现自己的学习兴趣，培养他们自主学习的能力；教师不再是传统课堂的中心，而成为学生学习过程中的辅助者。

另一方面，随着各种技术在教学中的应用，教学方式也变得多样，抽象化思维与具象化现实的结合将带给学生更加新奇的学习体验。VR 与教育的结合将极大地创新教学场景，教师不再是知识的输出者，而是一个知识世界的引导者，引导学生去探索知识。

3. 由“教练”变为“导师”

传统教师角色再造的第三方面表现为从“知识的指导者”转变

为“指导学生全面发展的导师”。教师的主要任务不再是知识的传递，而是更多地将工作的重点放在“育人”上。

在当前的学校体系下，教师需要完成教学过程中的各项活动，这使得教师在分析学生个性化问题和对于学生的个性化指导方面会有所欠缺。

而随着技术的发展，与更多技术结合的、更加先进的人工智能能够更好地完成授课和学习指导的工作。这使得教师能够有更多的时间来充当导师这一角色。教师能够把更多的时间和精力放在学生的心理成长和综合素质的提高等方面，成为指导学生未来发展、给予学生精神激励的导师。

总之，随着人工智能等技术在教育领域应用的逐渐成熟，传统教师的角色将会被再造。教师的分工将会更加细致，同时教师在工作中的专业性也越来越强，在技术的支持下，教师将成为教学授课的辅助者、学生学习的引导者，更加关注学生的心理成长和个性化发展。

5.4.2 借助新技术，创新教学方式

在5G、大数据、物联网等技术与人工智能深度融合的发展过程中，人工智能在教育领域的应用也更加深入，更多的教育方面的人工智能应用将会出现。在这种环境下，教师需要借助人工智能技术与应用来完善自己的教学方式，激发学生潜能。

在一些大学，教师指导学生借助人工智能技术培育植物，这种新型的教学方式赢得了许多学生的喜爱。例如，借助融入了人工智

能技术的智能 LED 灯，学生能够对植物的室内温度进行高精度控制。同时，也能够量化控制室内的水分、二氧化碳、光照与肥料。这样就能减少植物生长过程中受到的外部因素的不利影响，特别是能够避免恶劣的自然环境带来的灾难。

智能 LED 灯设定的光源更符合植物生长的习性，在这样合适的环境下，植物的生长速度能够更快，同时也会提高植物的产量与质量。借助智能 LED 灯，学生既能够学习相应的植物知识，又能间接参与到植物的培育过程中，提高了自身的实践能力，激发了学习动力。

此外，借助智能 LED 灯培育的果蔬是十分健康的。这是由于所有果蔬的生产过程和生长环境都能够实现智能控制，且不添加任何农药、杀虫剂，甚至连一丝灰尘都不会沾，人们可以放心安全地食用。当学生食用自己种植出来的植物时，会倍感满足，成果将会带给学习一种激励。

随着智能教育时代的到来，教师要舍弃以往单调的口头叙述授课模式，运用各类人工智能应用增加教学过程中的实践与体验环节。这种新奇的学习体验更能培养学生学习的兴趣、激发学生的潜能。

5.4.3 引入“新型师徒制”，做精准指导

智能教育时代，时代的变化对教师的工作提出了挑战，同时，智能技术的发展也为教师创造新的师生关系提供了技术支持。

在传统教学过程中，教师与学生处于半脱钩状态，教师的教育

方式呈现一种固定的状态，而每一届学生的情况又有很大差异，甚至于每个学生间的差异也十分明显，因此教师的教学效果难以有所提高。

而借助人工智能系统，教师可以与学生建立更加公平的“新型师徒制”，完善自身教学方式，提高学生的学习效率，打造师生学习共同体。例如，在教室里安装摄像头及录音设备后，人工智能系统可通过计算机视觉、语音识别、情绪识别等技术对学生及教师的表情及语音进行分析，并得出相关的结果。同时，人工智能系统能够对班级近期的成绩进行大数据分析，从而全面、理性地对教师的教育方式提出评判、提出相应的改进建议，使教师的授课方式和授课内容更加科学合理。

依据人工智能技术的数据收集、整理和分析，老师可以对学生的能力进行深入挖掘，找寻学生学习的潜力。在“新型师徒制”中，教师的教学活动是以学生为中心展开的，教师会在人工智能系统的帮助下全面了解学生学习的进度、学习中遇到的问题等，能够及时对学生的学习做出指导，帮助学生有效解决学习问题、提高学习效率。

第 6 章

人工智能 + 金融：金融格局的大变革

当前，在技术提升和网络金融平台发展的影响下，人工智能技术在金融领域也有了广泛应用。智能客服、智能投资顾问等先进应用层出不穷，很大程度上提升了金融机构的服务水平。在人工智能技术的加持下，金融机构能够为人们提供更加智能、更加人性化的服务。基于这一趋势，国内外的很多企业都在积极将人工智能技术融入自身的金融业务中，以提升企业竞争力。

6.1 人工智能对金融的影响

金融领域中所涉及的数据和计算体量是十分庞大的，因此，人工智能在金融领域的应用空间很大。当前，人工智能在金融领域已经有了很多应用，如云存储、智能计算等。随着人工智能技术的发展，其在金融领域的应用也将更加深入，对金融领域产生更加深刻的影响。首先，服务成本将进一步降低；其次，金融新业态开始出现，理财变得更加便捷；最后，风控模型逐渐增多，金融机构的风控能力得到加强。

6.1.1 降低金融服务成本，节约资源

云计算、大数据、深度学习等技术推动了人工智能浪潮的到来，这些技术可以简化服务的流程，从而提升服务的效率。对于金融机构而言，效率的提升在一定程度上意味着成本的降低，可以为客户带来更多便利。

人工智能的应用能够提升工作效率，但是金融领域工作效率的提升并不是一步到位的，而是经过 4 个严密的步骤，分别是金融业务流程的数据化、数据逐步资产化、数据应用场景化和整个金融流程的智能化。

随着数据的不断积累和优化整合，智能金融也将会不断拓展细分场景，不断提升业务效能。人工智能在金融领域的应用，对金融领域产生了深远的影响。例如，在瑞士曾经有一个千余人的交易大厅，现在已经不复存在，这是因为业务越来越少吗？并不是，它们的交易量其实在翻番，不过交易人员已经被机器替代。

再如高盛的一个交易大厅，当年需要 600 个交易人员，到今天只需要 4 个，其他交易人员的工作都由机器完成。原因很简单，因为机器能够精准抓取数据、高效执行程序，工作的效率远超人工。

以上这些虽然只是简单的案例，但是透露出了很多信息。在金融领域，人工智能的工作效率要远远高于人工的工作效率。越来越多的交易人员逐渐被机器替代，这就为金融机构节约了大量的成本和人力资源。

6.1.2 拓展边界，激活金融新业态

“人工智能 + 金融”不仅仅是一个前瞻的概念，也是可以应用到各个细分领域的大趋势，是融合发展时代下的产物。人工智能能够贯穿金融业务的各个领域，拓展金融服务边界，将金融服务细分为服务场景与服务人群。

当下，一些典型的金融理财工具，能够借助人工智能技术，遵循其基础理念，做到产品分类明确、客户分层清晰、“千人千面”理财和提供智能撮合服务。而且这些金融理财工具还在不断地进行产品的迭代，在智能风控、智能借贷、智能理财、智能投顾以及智能评分领域，都有一定成绩。

同时，金融机构也在努力探索如何借助人工智能提升金融服务的智能化水平。金融服务提升智能化水平的关键在于应用先进的人工智能技术，借助“人工智能 + 金融服务”模式，提升挖掘与分析金融数据的能力，提升市场行情的分析能力与预测能力，提升满足需求的服务能力，以及提升金融风险的管理与防控能力。

另外，在人工智能与金融融合发展的道路上，以技术开发为核心的互联网巨头已经做出尝试。

“人工智能 + 金融”的道路虽然还很漫长，但是随着各项技术的成熟和落地，金融服务的边界会被进一步拓展。与此同时，金融机构也会推出更有价值、更智能化的金融产品，以便为客户创造更好的消费环境，提供更完善的金融服务。

6.1.3 金融风控能力提升，更加安全

现在无论是银行，还是保险、证券等其他的金融机构，都在运用大数据、人工智能、云计算等技术来提升自己的风控能力，从而降低成本，改善客户体验。由此可见，优质的金融服务离不开完善的风险控制。

人工智能应用于金融领域的一个亮点就是借助各种智能算法和智能分析模型提高金融风控的能力。金融领域的很多专家都认为，人工智能要在金融风控领域发挥出更大的作用，必须满足3个条件，分别是有效的海量数据、合适的风控模型和大量的技术人才。

首先，金融风控离不开有效的海量数据。

金融数据应该是真实、详细、具体的，只有这样，数据分析人员或者智能投资顾问机器人才能够借助这些数据迅速分析出客户的基本特征，描摹出客户的基本画像。例如，数据要包括客户的性别、年龄、职业、婚姻状况、家庭基本信息、近期的消费特征、社交圈以及个人金融信誉等信息。当人工智能能够有效抓取这些有价值的数据后，就可以高效地进行各种金融风控，并且合理地进行金融产品的投资与规划。

金融风控的核心在于针对客户进行个性化的投资。只有借助大数据，仔细分析客户的各种金融消费行为，描摹客户的画像，才能够实现智能的金融风控。虽然金融风控行走在风口，但是目前的技术发展仍有很长的路要走。

此外，人工智能又特别注重数据的处理和分析，然而，如今的网络环境使得数据的安全堪忧。例如，日益开放的网络环境、分布

式的网络部署等使数据的应用边界越来越模糊，数据被泄露的风险很大。由此可见，金融机构必须重视客户的数据安全。

金融机构在获取客户的各种数据，描摹客户的画像时，必须征得客户的同意。在获得客户的允许后，金融机构才能够获取客户的数据。

其次，金融风控离不开合适的风控模型。

风控模型离不开大数据、云计算等技术的支持。风控模型借助超高的运算分析能力，不断对海量的客户数据库进行数据优化，从而更精准地找到客户，留存客户，最终使客户成为产品的忠实“粉丝”。另外，合适的风控模型也能够提高客服的效率，这样会使客户的满意度更高。

最后，金融风控还离不开大量的技术人才。

金融风控技术人才是新时代的一种新兴人才，他们不仅有专业的金融学领域的各种知识，还具备专业的智能分析能力。对于金融机构来说，只有不断会聚这样的技术人才，才能够进一步提升金融风控的能力，创新金融风控的方法。

当然，金融风控也离不开社会各界的广泛支持。教育部门要不断实施教育体制改革，培养更多的技术人才；企业要加大人工智能方面的资本投入，促进人工智能的尽快落地；社会精英商业人士要不断深入实践、深入生活，发现场景化的智能金融应用，寻找新的商机。在这样产学研不断配合的趋势下，“人工智能 + 金融”将获得更好发展。

6.2 人工智能与金融的“化学反应”

人工智能与金融的融合将激起一系列的“化学反应”。人工智能系统可广泛应用于金融领域的方方面面，为人们提供更优质的服务，同时保障金融安全。

6.2.1 AI 金融客服：多模式融合的智能客服

金融咨询是客户最常见的业务，人工智能的发展使金融咨询服务业务焕发了新的生机。人工智能在金融领域的一个典型应用就是 AI 金融客服。AI 金融客服能够使金融咨询业务更加人性化、智能化和高效化。

首先，金融咨询业务更加人性化。

金融行业属于高端的服务行业。金融机构只有满足客户的核心需求，为客户带来价值，才会吸引更多的客户选择自己的金融理财产品。涉及金融咨询这一具体的领域，金融机构必须为客户提供最完善的服务，才能够获得客户的认可。

在传统业务模式下，人们在银行办理业务时总要排很长的队。由于服务的人数众多，所以银行的服务人员难免会出现情绪难以控制的时刻。如果客户也情绪不好，则很容易导致双方发生口角。这对双方都会造成不好的心理影响。

AI 金融客服的出现则会有效地避免这一问题。借助语音识别技术、视觉识别技术、大数据技术以及云计算技术等先进技术，AI 金融客服的整体表现同样像一个“人”，而且会比真正的客服人员更有礼貌，态度更和善。

AI金融客服拥有人工智能的加持后，会智能回答客户提出的各种金融问题。而且AI金融客服在回答问题时，不会带有任何不良情绪，始终会以平稳的语调与客户进行沟通。同时，在视觉识别技术的支持下，它能够高效解读客户的面部表情。如果客户对AI金融客服的回答有任何的疑虑，它会直接联系更专业的人员，让他们做出更满意的解答。

另外，AI金融客服还能够形成“多渠道并行、多模式融合”的客户服务通道。例如，AI金融客服可以通过电话、短信、微信和App等多种形式，与客户进行智能对话。借助自然语言处理技术，AI金融客服能够听懂客户的语言，理解客户的真实意图，从而打造更具有人性化的服务。这种人性化的设计会为金融机构带来更多的客户。

其次，金融咨询服务更加智能化。

这主要体现在专家系统的注入与深度学习技术的应用。借助这些高科技，AI金融客服能够变得更加聪明。尤其是通过深度学习技术，AI金融客服能够自主学习，并且回答客户的常见金融问题。这就能够有效提升金融客户的留存和转化。

最后，金融咨询服务更加高效化。

大数据技术的加持将会大幅提升AI金融客服对数据的处理能力。金融行业是“百业之母”，与社会的各个行业都有交集。金融行业无疑是一个巨大的数据交织网络。在金融行业中，沉淀着海量的金融数据，这些数据内容庞杂，不仅有各种金融产品的交易数据信息，还有客户的基本信息、市场状况的评估信息、各种风控信息等。这些数据资源要么有用，但是未能全面挖掘出其内在的价值；要么无用，但是却泛滥于市场。

这样庞杂的数据对专业的金融咨询服务人员来讲无疑是一个巨大的障碍。金融咨询服务人员要想提取到关键的、有效的信息，要耗费巨大的时间成本和很多的精力。而大数据技术的加持以及人工智能算法的应用，可以优化数据，可以把最有价值的金融数据提取出来，进而为客户提供最优质的金融咨询服务。这样就能够从根本上提高金融咨询服务的效率。

6.2.2 智能信贷：融资授信决策与借贷决策

人工智能的快速发展促使智能信贷成为金融领域的发展趋势。智能信贷是指一种智能化的信贷模式，其所有的信贷流程都能够在线上完成。借助大数据、云计算以及深度学习技术，智能信贷在核心层面变革了传统的信贷模式，包括收集金融资料、处理金融数据、分析金融结果、做出相关决策等方面的模式，提高了客户的体验。

同时，智能信贷的时效性会越来越强。智能信贷的客户群体多为小额贷款人员，由于信贷金额不大，再加上大数据处理问题的能力越来越强，放款速度越来越快，很多燃眉之急都能及时解决。

智能信贷有 3 个发展趋势，如图 6–1 所示。

1. 智能信贷将成为金融消费主力军

信贷服务是客户最常见的一种金融需求。可是，在传统的信贷模式下，客户的信贷需求却不一定能够得到及时的满足。其原因主要有两个：一是传统银行的信贷审批流程过于烦冗，完成信贷消耗的时间较长；二是民间的信用借贷利率高、渠道过于复杂、风险较大。

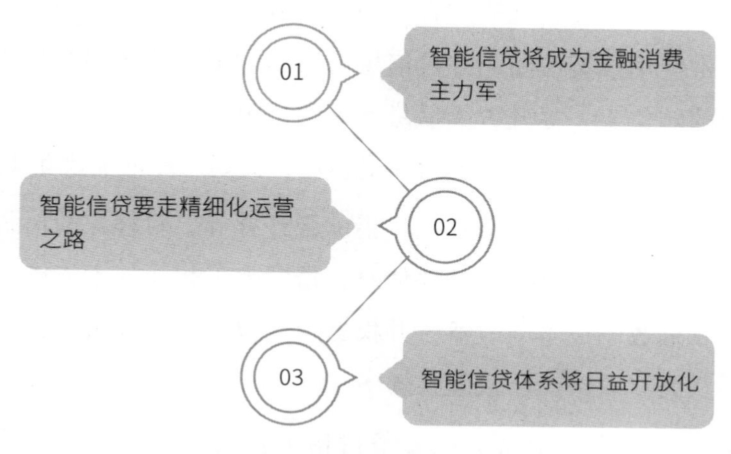

图 6-1 智能信贷的 3 个发展趋势

各种先进技术在信贷业务中的应用将会有效改变这一局面。在人工智能、大数据、区块链、云计算等技术的融合应用下，智能信贷产品破土而出。各大互联网巨头也在纷纷布局，开发自己的智能信贷产品。

2. 智能信贷要走精细化运营之路

精细化运营的关键是利用大数据技术和深度学习算法，建立一套完善的风控系统。在金融界有一句流传已久的经典语录："最好的风控就是不给任何人借一分钱。"如果智能信贷产品能够做到不给不信任的人一分钱，那么这套智能信贷产品的风控水平可谓是极高的。

当然，智能风控只是智能信贷精细化运营的一个环节，要做到更精细化的运营，还需要在高信用度客户的获取、贷款催收以及复贷策略等方面做足功夫。具体来说要做到以下3点。

第一，利用大数据技术精确锁定优质客户，然后对他们推销智能信贷。一般来讲，优质的客户是“低风险、高频率”的客户，他们会经常使用信贷产品，并且信用值很高。锁定这样的客户能够保证客户的转化率，提升智能信贷产品的价值，同时，精细化、专业化的服务也能够吸引来更多的种子客户，提高产品的品牌价值。

第二，利用神经网络算法、借助云计算等，对客户的信贷情况进行监测评估。在进行信贷评估时，借助人工智能技术能够预测出客户贷款催收的成本与收益，并根据这些数据，选择最合适的催收方式，从而有效保证贷款催收效率。

第三，在复贷策略上也要坚持精细化运营。此时运营的重点是分析客户的还款行为以及客户的重复消费等基本数据。对于信用值较低的客户，则相应地减少其信贷额度；对于严重不守信用的客户，收回账款后，应拒绝再为其提供信贷服务。当然，对于优质客户，还要用更优惠的策略激励他们使用智能信贷产品。

3. 智能信贷体系将日益开放化

金融领域是非常注重边际效应的一个行业。智能信贷只有保持开放的体系，才能够获得更大成功。

开放的体系必须讲究深度的合作，这也是很多智能信贷机构或智能信贷企业努力的方向。

整体来看，智能信贷产业链的打造遵循由数据到技术再到智能决策这一不可逆的内在逻辑顺序。根据这一逻辑顺序，研发满足客户需求的智能信贷产品，必然能够在人工智能的风口获得高额的盈利。

6.2.3 智能投顾：智能机器人成为理财顾问

人工智能在金融领域的一个典型应用就是智能投顾。智能投顾，顾名思义就是“人工智能 + 金融投资顾问”。从本质上来讲，智能投顾就是智能机器人逐渐代替投顾专家，担任人们的理财顾问。

金融投顾的工作极其重要，投资顾问相当于金融产品和客户之间的纽带。金融投顾的工作主要包括两个方面：一是与客户充分沟通，判断客户的风险偏好水平；二是根据客户的风险偏好水平为其制订最优的理财配置方案。

那么，智能投顾又是如何担任金融产品与客户之间的桥梁的呢？

首先，智能投顾可以利用大数据技术有效识别客户的投资偏好以及预测投资风险。大数据技术不仅能够有效提升智能投顾处理金融数据的效率，还能够与智能推荐技术融合，为客户提供更符合其偏好的理财产品。

智能投顾要想充分利用大数据技术，必须具备以下 4 个功能，否则智能就无从谈起。

功能一：智能投顾必须能够从变化的规律中，利用大数据技术获得客户的投资风险偏好。

功能二：智能投顾必须能够利用投资风险偏好，结合风险控制模型，为客户提供个性化的金融理财方案。个性化的金融理财方案要充分考虑众多数据，如客户的年龄、性别、收入等基本数据，以及消费心理和近期消费行为等动态数据。只有这样，才能保证智能投顾的决策做到“千人千面”。

功能三：智能投顾必须实时跟进数据，从而进一步调整客户的金融资产配置方案。

功能四：智能投顾必须最有效地利用最有价值的数据，避免高风险，让客户在可承受的风险范围内实现价值的最大化。

其次，智能投顾离不开算法的升级迭代。近年来，许多机器学习算法，如神经网络算法、深度学习算法等不断与金融领域融合。先进的算法会为客户提供最优的投资组合，进一步降低他们的投资风险。

最后，智能投顾离不开优秀的资产配置模型。资产配置模型能够起到信号监控以及量化管理的作用，进一步保证投资方案的合理性。

随着人工智能技术的不断发展，智能投顾也会有更光明的未来。从整体来看，智能投顾有 4 个被看好的未来趋势，如图 6–2 所示。

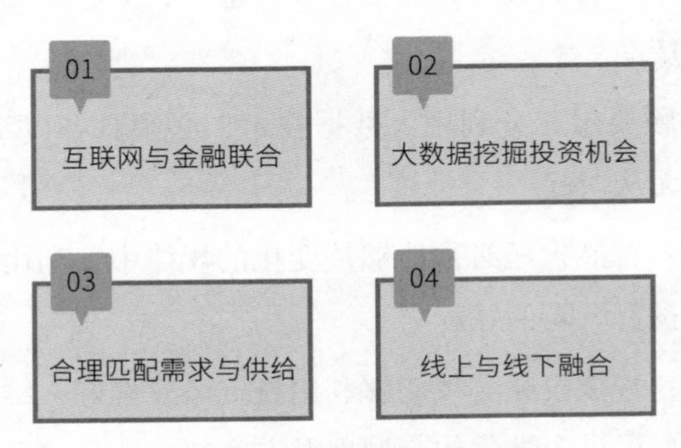

图 6-2　智能投顾的 4 个未来趋势

未来，智能投顾将会与互联网技术密切融合，借助 SEO 技术进一步优化金融搜索的效率；大数据技术将会更广泛地应用于投资机会的挖掘；同时，智能投顾的商业落地必须与客户的需求相匹配，这样才会有更大的盈利空间；线上线下融合也是智能投顾的发展趋势，渠道的拓宽会使智能投顾行业吸引更多的种子客户，从而带来更多的商业价值。而且，金融界人士张旭阳也表示："AI 将进一步加快线上与线下的融合。在人工智能阶段，世界更加立体和鲜活，它可以推动金融的发展，使金融机构更加深刻地理解用户，推出个性化、定制化的服务。"

智能投顾的未来趋势代表着未来的发展方向，嗅觉敏锐的商业人士应该尽快利用这些趋势，优化智能投顾产品，使智能投顾产品更加地接地气、更加地实用，为客户创造更多的价值，这样才能够在智能投顾领域分得一杯羹。

6.2.4 金融监管合规：金融预测、反欺诈

人工智能赋能金融监管合规指的是金融机构利用人工智能技术能更好地保证金融的安全性、符合规范性。其目的是加强对金融工作的规划和协调，节约金融监管的成本，提升监管的有效性，更有效地甄别、防范和化解各类金融风险，从而更好地为客户服务。

随着金融监管合规成本的不断上升，很多金融机构都意识到只有不断精简并优化监管申报流程，才能够更有效地提高数据的精准性，并且降低成本。

金融监管合规领域的专业人士普遍认为，人工智能监管科技能够实时自动化分析各类金融数据，优化数据的处理能力，避免金融信息的不对称。同时，人工智能监管科技还能够帮助金融机构核查洗钱、信息披露以及监管套利等违规行为，提高违规处罚的效率。

人工智能金融监管主要借助两种方式进行自我学习，分别是规则推理和案例推理。

规则推理学习方式能够借助专家系统，反复模拟不同场景下的金融风险，能够更高效地识别系统性金融风险。

案例推理学习方式主要是利用深度学习技术，让人工智能金融系统自主学习过去存在的种种监管案例。通过智能的学习、消化、吸收和理解，人工智能金融监管系统就能够智能主动地对新的监管问题、风险状况进行评估和预防，最终给出最优的监管合规方案。

目前，人工智能中的核心科技——机器学习技术已经广泛应用于金融监管合规领域。在这一领域，机器学习技术有 3 项应用，如图 6–3 所示。

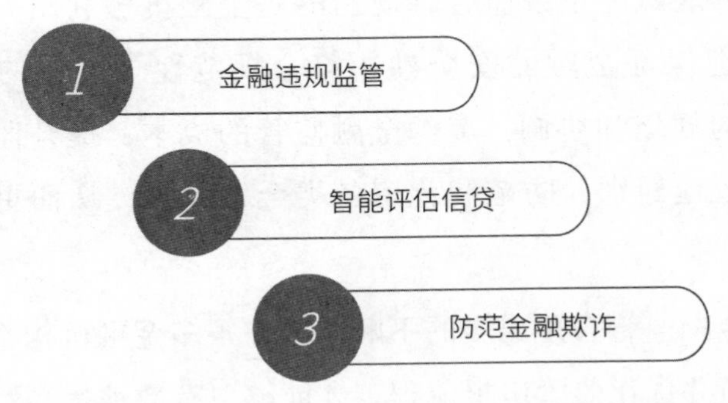

图 6-3　机器学习技术在金融监管合规领域的 3 项应用

1. 金融违规监管

机器学习技术能够应用于各项金融违规监管工作中。例如，英国的 Intelligent Voice 公司研发出了基于机器学习技术的语音转录工具。这种工具能够高效、实时监控金融交易员的电话。这样就能够在第一时间发现违规金融交易中的黑幕。Intelligent Voice 公司主要把这种工具销售给各大银行，银行的金融违规监管也因此受益。再如，位于旧金山的 Kinetica 公司能够为银行提供实时的金融风险敞口跟踪，从而保证金融操作的安全合规。

2. 智能评估信贷

机器学习技术能够智能评估信贷。机器学习技术擅长智能化的金融决策，能够在这一领域有很大的作用。例如，Zest Finance 公司基于机器学习技术研发出了一款智能化的信贷审核工具。这款工具能够对信贷客户的金融消费行为进行智能评估，并对客户的信用做出评分。这样银行就能够更好地做出高收益的信贷决策，金融监管也会更高效。

3. 防范金融欺诈

机器学习技术还能够防范金融欺诈。无论是面向支付业务的 Feedzai 公司还是面向保险业务的 Shift Technology 公司等初创型人工智能公司，抑或是像 IBM 这样的巨头公司，都在积极研发利用机器学习技术，用以防范各种金融欺诈行为。例如，英国的一家创业公司 Monzo 公司建立了一个 AI 反欺诈模型。这一模型能够及时阻止金融诈骗者完成交易。这样的技术对银行和客户都大有裨益。

对于银行来讲，金融监管合规的能力会得到进一步的优化升级；对于客户来讲，则避免了自己的损失。

6.3 人工智能在金融领域的应用

人工智能在金融领域有广泛的应用，出现了一系列极具代表性的案例。美国的Wealthfront平台在智能投顾方面做得十分出色；腾讯打造了腾讯金融云，为客户提供更便捷的服务；京东打造的京东金融借助人工智能系统进行风控监督，大大提高了金融借贷服务的安全性。

6.3.1 Wealthfront：专注于智能投顾业务

受“人工智能+金融”的影响，智能投顾来到了聚光灯下，在各个国家迅速崛起，并出现了很多应用案例，其中尤以美国的智能投顾平台Wealthfront为代表。Wealthfront可以借助计算机模型以及云计算技术，为客户提供个性化、专业化的资产投资组合建议，如股票配置、债权配置、股票期权操作以及房地产配置等。

Wealthfront具有5个显著的优势：成本低、操作便捷、避免投资情绪化、分散投资风险以及信息透明度高。其竞争力和影响力也主要来源于这5个优势。当然，Wealthfront能获得快速发展也离不开强大的人工智能以及超强竞争力的模型、美国成熟的电子资金转账系统（EFT，Electronic Funds Transfer）市场、优秀的管理团队与雄厚的投资团队、完善的美国证券交易监督委员会（Securities and Exchange Commission，SEC）监管。

首先，Wealthfront 的发展离不开强大的人工智能以及超强竞争力的模型。

Wealthfront 具有强大的数据处理能力，能够为客户提供个性化的投资理财服务。而且借助云计算技术，Wealthfront 还能够提高资产配置的效率，大大节约费用、降低成本。此外，借助人工智能技术，Wealthfront 打造了具有超强竞争力的投顾模型，该模型充分融合了金融市场的最新理论与技术，可以为客户提供权威、专业的服务。

其次，美国成熟的 EFT 市场为 Wealthfront 提供了大量的投资工具。

美国的 ETF 种类繁多，而且经过不断的发展，其资产规模已经达到上万亿美元，这就能够满足不同客户的多元需求。

再次，Wealthfront 的发展离不开优秀的管理团队与雄厚的投资团队。

Wealthfront 的许多核心管理成员都来自 eBay、Apple、Microsoft、Facebook、Twitter 等世界知名企业。投资团队的成员各个能力突出，投资经验丰富，并且有丰富的人脉关系和资源优势。

最后，Wealthfront 的发展离不开完善的 SEC 监管。

美国的 SEC 监管比较完善，SEC 下设投资管理部，专门负责颁发投资顾问资格。在这种健全的监管体制下，Wealthfront 才能顺利地进行理财业务和资产管理业务。

种种因素的综合叠加，使得 Wealthfront 越来越强大。Wealthfront 借助智能推荐引擎技术能够为客户提供定制化的金融服务。另外，智能语音系统又能够及时为客户提供优质的线上服务，这就大幅度节省了客户的时间，提高了客户的使用效率。

总而言之，Wealthfront 充分发挥了人工智能的价值。通过对各项技术的综合使用，其可以在降低成本、提升效率的同时，为客户提供更好的体验。

6.3.2 腾讯：聚焦云端服务，打造腾讯金融云

面对新时代智能化的变革，腾讯提出了“人工智能即服务”的观点，致力于打造腾讯金融云。

腾讯金融云的客户囊括银行、保险公司、证券公司、基金公司等各类金融机构，是我国金融科技企业使用最广泛的平台之一。

在智能金融到来之际，腾讯金融云副总裁胡利明认为，采用云架构、链接、数据智能、Reg Tech（监管科技）是当前金融科技发展的新趋势。

首先，采用云架构能够为现在金融企业带来更大的业务弹性和更快的响应速度，让互联网金融获得更好的场景适应性，在新场景出现时，也能够保障业务的安全性和合规性。其次，链接是互联网时代的基础，是行业机构与客户相互沟通的前提。再次，利用人工智能技术挖掘数据背后的价值可以使金融企业变得更加智能。最后，Reg Tech 的应用符合金融监管趋于严格的发展趋势。

腾讯金融云在人工智能领域已蓄力 20 多年。在提出“人工智能即服务”战略后，腾讯金融云致力于在多个层面上提供新的人工智能开放服务层。在人工智能的 3 个核心能力即计算机视觉、智能

语音识别和自然语言处理上，腾讯金融云能为金融企业提供 20 多种人工智能服务，如智能客服、智能投顾、智能风控等服务，助力金融企业构建智能金融生态。

腾讯金融云“人工智能即服务”战略推动金融企业打造智能金融生态圈，助力金融企业的安全合规与升级。

6.3.3 京东：发力于智能风控监督

在京东金融业务中，绝大多数的业务都通过自动化的职能程序完成，一半以上的员工从事于智能数据开发和研究工作。京东金融业务依靠先进的人工智能技术搭建了一整套风控体系，包括深度学习能力、风险画像、高维反欺诈模型等。

京东金融会分析客户的浏览行为等数据，检测客户账号是否异常。例如当客户的账号被盗时，违法人的行为路径一般是先查看客户的账户余额，然后将余额换成可以转化为现金的贵重商品，如金、银物品等。通过人工智能技术，京东金融可以将这种异常行为分辨出来，并运用于风控技术中，及时提醒金融业务人员查看客户的账号安全。事实上，凭借风险实时监控体系，京东金融已经配合警方破获多起网络诈骗案件。

京东金融在消费金融领域的风控体系中表现也十分出色。以京东白条为例，在京东金融授信于客户时，人工智能技术可以提前过滤掉信誉不高的客户，如互联网恶意用户、金融失信用户等。然后进一步依据客户洞察、大数据征信等对客户进行进一步筛选，形成客户白名单。

在金融反欺诈方面，京东白条实施全流程环节监控，客户的每次账户行为会受到后台的安全扫描。后台程序对账户行为进行实时监控，及时识别潜在的恶意行为及存在高风险的账户和订单，防止客户发生欺诈行为。

另外，京东金融还利用设备指纹、生物探针和模式识别等多种智能技术，深度学习理解客户的正常行为，以便及时发现账号的异常登录和交易行为。

京东金融的战略定位是金融科技，积极采用人工智能技术等先进技术是京东金融发展金融科技的基础。人工智能技术能够将风控系统量化衡量，为客户带来个性、高效的服务体验。如今，京东金融正在深化人工智能在金融风控领域的应用，使金融变得更具规模化、安全化，推动了普惠金融理想的实现。

第 7 章

人工智能 + 营销：为营销插上飞翔的翅膀

在营销方面，很多企业都在寻找适合自己的营销战略，而在人工智能迅速发展的当下，越来越多的企业将人工智能技术应用到企业营销中。传统营销已经不能满足企业和消费者的需要，借助人工智能技术发展千人千面的新型营销已成大势所趋。人工智能与AR、VR、全息投影等技术在营销领域的融合应用，激活了营销新景象。京东、淘宝等电商企业也积极进行了尝试，并取得了不错的成果。

7.1 人工智能变革营销内容

人工智能在营销领域的应用引发了营销领域的巨变。竖屏视频与图形动画成为主流，受到众多企业的追捧；AR、VR 技术在营销领域的应用也大大优化了消费体验。

7.1.1 竖屏视频、MG 动画异常火热

最近几年，内容营销成为营销领域的“香饽饽”。大多数的B2B企业和B2C企业都使用了内容营销，并且其在内容营销上的花费也越来越多。

如今，人工智能让内容营销的效果变得更强，同时也变革了内容形式。例如在视频类的内容中，竖屏视频与图形动画成为主流，对企业的品牌推广和产品宣传产生了极大影响。

1. 竖屏视频

从横屏视频到竖屏视频的过渡也是从“权威教育”语境到“平等对话”语境的过渡。很多时候，竖屏视频不仅仅是广告，更是生活化的原生内容。而且在观看竖屏视频时，企业与消费者之间的距离会更近，消费者往往更容易沉浸在企业设定的情境之中。

此外，竖屏视频的视觉要更加聚焦，有利于突出卖点，抓住消费者的注意力，从而把产品尽可能深入地传达给消费者。由此可以说，竖屏视频有比较多的优势，所以作为营销的主体，各大企业必须掌握竖屏视频的几大用法。

第一，在之前的图文时代，广告通常以海报的形式出现，而到了如今的视频时代，竖屏视频也可以成为手机上的动态宣传工具。

第二，在竖屏视频中融入一些比较重要的信息，如广告语、产品介绍、售后服务、促销活动等也是一个非常不错的用法。

第三，企业还可以把竖屏视频做得像游戏一样，以闯关的形式来突出产品的某些优势和特性。

2. 图形动画

图形动画也可以称为动态图形，即通过点、线、字将一幅幅画面串联在一起。通常，图形动画会出现在广告 MV、现场舞台屏幕等场景中，虽然它只是一个动态图形，但是却具有很强的艺术性和视觉美感。

不同于角色动画和剧情短片，图形动画是一种全新的表达形式，可以随着内容和音乐同步变化，让观众在很短的时间内清楚企业要展示的内容。人工智能和 5G 的出现让图形动画变得更加流畅，其传播力和表现力也增强了很多。

如今，在产品介绍、项目介绍、品牌推广等方面，图形动画都可以发挥很大的作用，这也使得该内容形式受企业和消费者的喜爱。因此，在进行营销时，企业可以找专业人员制作图形动画，以便更好地向消费者展示产品的特性和优势。

竖屏视频和图形动画是营销领域的创新，这种与众不同的视角与用法让企业更接地气，为企业创造了巨大的想象空间。

7.1.2 AR、VR 大受欢迎

自从人工智能发展起来之后，与之相关的技术也在其支持下获得了很大发展，其中比较有代表性的就是 AR 与 VR。作为可以让消费者拥有沉浸式体验的技术，AR、VR 受到了很多企业的欢迎。

在消费者为王的时代，把体验做到极致比什么都重要。在这方面，AR、VR 很有发言权。

首先，AR、VR 可以为用户打造一个虚拟场景，让消费者获得更真实的视觉体验。例如，在购买家具时，消费者想看到自己购买的家具放在家中究竟是什么样子的，而不只是凭空想象。

AR、VR 可以打造出一个虚拟的家的场景，让消费者看到新家具放在家中的真实模样，这样一来，他们就可以决定家具应该放在家中的哪一个位置。例如，宜家和 Wayfair 家居电商都引入了 AR 为消费者模拟家具摆放的真实场景，使他们的消费体验得到了极大提升。

其次，AR、VR 可以为消费者模拟穿上衣服的模样。在购买衣服时，消费者最先想到的问题一定是“我穿上这件衣服会是什么样子”，而 AR、VR 就可以帮助消费者回答这一问题。例如，美国一家百货公司为消费者提供了一面嵌入 AR 的“智能魔镜”，消费者可以穿着一件衣服在这面镜子前拍一段不超过 8 秒的视频，然后再穿上另一件衣服做同样的动作。这样一来，消费者就可以通过视频对两件衣服进行比较，并从中选出更加满意的那一件。

最后，AR、VR 可以告诉消费者“产品是什么”“应该怎么用”。很多企业都希望能让更多的消费者更全面地了解并购买自己的产品，于是，这些企业开始利用手机和消费者互动，例如，让消费者用手机扫描产品的二维码，然后就可以得到产品的详细信息并了解其用法。

在星巴克上海烘焙工坊中，人们可以通过淘宝 App 的“扫一扫”功能和 AR 识别功能观看烘焙、生产、煮制星巴克咖啡的全过程。通过这种全新的互动形式，消费者可以体验到咖啡文化的底蕴。

借助人工智能和 AR、VR，产品变得比之前更加真实、有触感，这有利于吸引和留存消费者。当消费者通过 AR、VR 获得优质体验之后，可能会将产品分享到微博、微信、小红书、抖音等社交平台上，这种为产品进行二次宣传的举动，可以再次触发销售机会。

7.2 人工智能激活营销新景象

在人工智能、全息投影等新技术的加持下，天马行空的营销想象将变为现实。全息投影将打造出营销新景象，全域营销也将不再遥远。

7.2.1 全息投影成营销新景象

全息投影的核心功能是虚拟成像，即利用干涉和衍射原理记载并再现物体真实的三维图画。借助全息投影，消费者即使不配戴 3D 眼镜也可以感受到立体的产品，并从中获取“身临其境”的极致体验。尤其是在线上购物时，全息投影可以为消费者增加交流感，让消费者更全面、细致地看到产品的精彩设计。

目前，在营销领域，全息投影主要应用于广告宣传和发布会中的产品展示，这可以为消费者带来全新的感官体验。而人工智能的落地则可以将这种感官体验实时传递给不在现场的消费者，从而进一步扩大宣传的范围。

例如，某品牌推出了一款新的汽车，并通过全息投影展示了汽车的设计。全息投影生动地展现了这款汽车的特色之处，让其更加生动地出现在消费者的眼中。在相对黑暗的环境下，利用白色的线条勾勒出汽车的轮廓，使其形成相对立体的模型；不同形状的图案交叠在一起，也展现出了对于汽车细节的设计；明亮的颜色更是抓住了消费者的关注点。在消费者没有看到实物之前，甚至可以猜想它的样子。

汽车不仅仅是用来驾驶的，也是自身生活水平的体现。全息投影可以根据企业的需要，为产品量身打造从颜色、形状到表现形式都能符合消费者偏好的设计。这样的设计可以突出产品的亮点，使产品得到更多消费者的喜爱，企业也可以因此销售更多产品，获得更多利润。

与传统的产品展示不同，基于全息投影的产品展示能够运用生动的表现方式，赢得消费者的喜爱。如果将全息投影应用于 T 台走秀中，还可以将模特的服装与走步刻画得十分美妙，让消费者体验虚拟与现实相融合的梦幻感觉。

此外，人工智能使全息投影的应用范围变得更加广泛，例如商场与街头的橱窗中等。总而言之，人工智能打破了全息投影的空间限制，使消费者获得远程实时体验，企业也可以更好地向消费者展示产品，提升自身的竞争力和时代前沿性。

7.2.2 全域营销将成为现实

当企业面临着社会大环境、消费者群体、市场发展趋势的“三重变化”时，单一的营销模式已经不再适用，取而代之的应该是覆盖面更广的全域营销。也就是说，企业需要尝试技术与数据共同驱动下的战略，以便实现以消费者为中心的品牌宣传和产品推广。

从始至终，消费者都是营销的起点。全域营销十分重视企业和消费者之间的关系，这一点在人工智能时代表现得尤为明显。全域营销可以细分为 4 个板块，如图 7–1 所示。

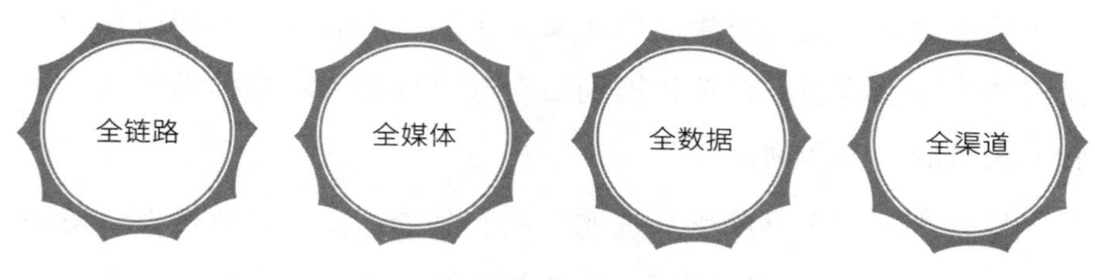

图 7-1　全域营销的 4 个板块

1. 全链路

经典的消费者链路分为认知、兴趣、购买以及忠诚 4 个维度。在解读全链路时，企业既要考虑消费者与品牌之间的关系，又要思考在营销上如何做出决策与行动。全域营销能够在一些关键性节点为企业提供工具型产品，帮助企业完成与消费者之间的一个行为闭环。

盒马鲜生从消费者体验入手的全链路营销模式值得广大企业学习和借鉴。消费者在产生购物欲望后，可以通过盒马鲜生线下门店或线上平台这两种渠道购买产品。消费者在线下门店购买产品后可以直接带走，也可以将其交给盒马鲜生的后厨加工后进行堂食。

在线上平台，盒马鲜生承诺“3 公里 30 分钟送达”。为了达成这一承诺，盒马鲜生必须保证在订单生成后，扫码、拣货、传送、打包、配送等各个环节都有序且高效。

在线下门店运营中，生鲜产品占了盒马鲜生的主要盈利份额，而这类产品的显著特点就是不能久置，因此，盒马鲜生提供了堂食区以及加工服务。此举不仅增加了用户流量、提高了门店人气，更优化了消费者的消费体验，可以说是一举多得。

除此之外，盒马鲜生店内还安装了连接产品陈列区和后仓的传送滑道，能够将线上订单传输到后仓进行打包的影响降到最低，节省了大量的人力和物力。

综合来看，盒马鲜生从选购产品、陈列产品、拣货操作、传输系统，一直到配送到家的每一个环节都经过了精心设计，实现了整个供应链的贯通和联动。这样做既可以最大限度地保证运营效率，又能降低综合成本。

2. 全媒体

随着互联网的快速发展，移动传媒渠道受到了大众的高度重视。在这种情况下，报纸、电视、互联网、移动互联网共同构成了当前的主要传播渠道，简称全媒体传播渠道。

基于此，越来越多的企业希望建立起自己的全媒体传播渠道，如海尔就围绕着微信、微博等平台建立起了自己的全媒体矩阵，并且在建立全媒体传播渠道方面取得了好成绩。

3. 全数据

在大数据时代，用户识别、用户服务、用户触达等都将实现数据化，数据以其自身巨大的价值，在全域营销中占据着非常重要的地位。数据可以带动业务的增长，也能更好地服务用户。

人工智能在服务于企业内部时，可以使其实现真正意义上的数字化管理；在服务于用户时，能够保证服务的个性化和多元化。

企业想要全数据，就要注意将资讯系统与决策流程进行紧密结合。只有把握好这一关键点，才可以在最短的时间内回应用户的需求，从而做出可以立刻执行的合理决策。

4. 全渠道

企业想要实现全渠道营销，需要把握 3 个关键点：保证线上线下同款同价，重视消费者的消费体验以及打通全渠道数据。

对于消费者来说，无论是在线上，还是在线下，最重要的目的都是能够愉快并且高效地买到自己所需要的产品。因此，企业要想实现全渠道营销，就要不断优化消费者消费体验。另外，营销方面也应该从传统的标准化驱动，逐渐转变为个性化灵活定制。

打通线上线下店铺、社交自媒体内容平台、线上线下会员体系、线下线上营销数据是实现全渠道营销的关键步骤，将这一步骤完成好，可以让消费者感受到无缝化的跨渠道体验，从而加深消费者对企业的好感。

受到全域营销的影响，企业纷纷入局，致力于实现线上线下的互通，进行数字化变革。作为一项前沿技术，人工智能为企业和消费者构建了高度个性化的消费场景。如今，只有更智能的全域营销才可以满足消费者的需求，消费者的体验越好，企业的发展才越有动力。

7.3 “人工智能＋营销”落地实践

人工智能和营销的结合无疑能够爆发出强大势能，这让很多企业都看到了营销变革的新希望，纷纷进行落地尝试。在这方面，京东与淘宝都是其中的佼佼者。

7.3.1 京东：搭建智慧物流

京东拥有自己的一套物流体系，而且这套物流体系，无论是配送速度还是配送质量，都是有口皆碑的。当然，这些成绩的背后都离不开人工智能的助力和支持。

在智慧物流方面，京东希望使用无人机为消费者配送快递，但因为技术尚不成熟，所以在短时间内还很难实现。于是，京东开始在无人车上动起了心思，并实现了使用无人车在校园内配送快递的目标，这使其迈出了智慧物流的重要一步。

除了智慧物流以外，京东还在积极布局智慧仓储。在这一过程中，一个不得不提的成就就是无人仓。无人仓可以大幅度缩短为产品打包的时间，从而加快物流的整体效率。在京东的无人仓中，发挥强大作用的智能产品一共有 3 种。

1. 搬运机器人

搬运机器人体积比较大，重量大约为 100 千克，负载量则在 300 千克左右，行进速度约为 2 米 / 秒，主要职责是搬运大型货架。有了这一机器人以后，搬运工作就比之前好做了很多，所需时间也比之前短了很多。

2. 小型穿梭车

在京东的智慧仓储中，除了搬运机器人之外，小型穿梭车也发挥了重要作用。小型穿梭车的主要工作是搬起周转箱，然后再将其送到货架尽头的暂存区。而货架外侧的提升机则会在第一时间把暂存区的周转箱转移到下方的输送线上。借助小型穿梭车，货架的吞吐量已经达到了 1600 箱 / 小时。

3. 拣选机器人

小型穿梭车完成自己的工作以后，就到了拣选机器人出场的时候。京东的拣选机器人搭配有前沿的 3D 视觉系统，可以从周转箱中对消费者需要的产品进行精准识别。通过工作端的吸盘，周转箱还可以接收到转移过来的产品。与人工拣选相比，拣选机器人的拣选速度要快出 4—5 倍。

智慧物流和智慧仓储进一步完善了京东的物流体系，提升了京东的整体效率。在行业内，京东率先实现了几乎所有自营产品当日送达的目标，这是其最大的优势，也是可以拿来与其他企业进行竞争的有力武器。

7.3.2 淘宝：特色活动连通线上线下

新零售是人工智能催生出来的一个新概念，其本质是线上线下融合。在新零售方面，淘宝可谓是当仁不让的先行者。例如，“新势力周”“淘宝不打烊”等线上活动都与新零售密切相关，而基于人工智能的“闺蜜相打折”则是一个非常出色的线下活动。

“闺蜜相打折”吸引了众多消费者的参与和支持。通过具有面部识别功能的智能设备，朋友间有没有“闺蜜相”一测试就可以知道，这样的新型互动方式打造出前所未有的立体营销。

在现场，消费者和同行的闺蜜只需要在智能设备前合影，该智能设备就可以根据二者面部相似度、微笑灿烂程度等指标给出一个“闺蜜相”分数。不同的“闺蜜相”分数可以换取不同的优惠券，换取的优惠券可以在淘宝购物使用。

用于给出“闺蜜相”分数的智能设备是由其公司机器智能技术部研发的，该智能设备利用高端的面部识别技术，会对消费者面部的一些属性进行检测和识别，如年龄、性别、发色、表情、是否戴帽子等。

“闺蜜相打折”这样的线下活动是快闪时尚与人工智能的完美结合，是淘宝将 iFashion（淘宝的线上活动）融入消费者生活的一个创新玩法，可以让消费者感受到更加新奇的购物体验。通过“闺蜜相打折”，淘宝可以贴近消费者、感受消费者，让消费者可以身临其境地体验潮流趋势，感受产品优异质量。

在新零售时代，“闺蜜相打折”是一次全新的尝试，它不仅植入了新奇有趣的互动体验，激发了消费者的积极性和热情，还将淘宝为生活增添色彩的理念融入产品之中，充分彰显了独特的时尚态度。

消费者永远不会停止对新鲜感的追求，如果企业只把重心放在线上活动上，那么将很难在碎片化、同质化的时代取得成功。作为一场成功的线下活动，“闺蜜相打折”让消费者感受到了人工智能对新零售的加码，实现了技术与快闪模式的完美结合，为各大企业提供了借鉴和启发。

第 8 章

人工智能 + 医疗健康：为身体保驾护航

近年来，人工智能在医疗健康领域的应用不断加深。随着语音交互、计算机视觉等技术的成熟，人工智能技术逐渐成为提升医疗服务水平的重要因素。人工智能不仅可以为患者提供更贴心的服务，还可以成为医生的好帮手，为医生的诊断和研发工作提供帮助。当前，许多大型医院都引进了人工智能技术，一些医药企业也依托人工智能推出了更好的产品和服务。

8.1 人工智能搭上医疗可以做什么

人工智能在医疗领域的应用体现在方方面面。智能机器人可以成为医生的医疗助理，帮助医生进行医疗训练、为医生搬送医疗器材等。在药物研发领域，人工智能可以有效降低研发成本。人工智能系统也可以辅助医生进行医疗诊断，提升诊断准确率。此外，依托于海量数据，人工智能更有助于实现精准医疗。

8.1.1 医疗助理：提供贴心服务

智能机器人在医疗领域的应用并不少见，它可以成为医生的医疗助理，帮助医护人员完成一部分工作，这有利于减轻医护人员的负担。例如，武汉协和医院中的医疗机器人——“大白”就是医护人员的好帮手、好朋友。

“大白”主要服务于外科楼的两层手术室，其主要工作是配送手术室的医疗耗材。“大白”的学名是智能医用物流机器人系统，长度为0.79米、宽度为0.44米、高度为1.25米、容积为190升，可以承担200千克的重量。

在接到医疗耗材的申领指令以后，“大白”会主动移动到仓库门前，等待仓库管理员确认身份后打开盛放医疗耗材的箱子，扫码核对以后将医疗耗材拿出仓库。接下来，“大白”会根据之前已经“学习”过的地形图，把医疗耗材送到相应的手术室门口，医护人员只要扫描二维码就可以顺利拿到医疗耗材。

“大白”接受过“试用期考评”，结果显示，“大白”把医疗耗材从库房配送到手术室只需要不到两分钟的时间，每天平均可以配送140次。这也就意味着，“大白”所做的工作与4名配送人员所做的工作是一样的，可以大幅度降低医院的人力成本。

另外，“大白”还可以自己主动充电，从充电开始到充电结束，大约需要5小时的时间。不过，充满电以后，“大白”只可以运行2小时，所以，为了让自己保持电量充足的状态，“大白”会经常到那个属于自己的角落充电。

实践数据显示，在观察阶段，“大白”一共配送422次、避开行人420次、避开障碍物414次。实际上，对于“大白”来说，避开行人、避开障碍物并不是非常困难的事情。

除此以外，“大白”还有一颗非常聪明的“大脑”。这颗“大脑”可以帮助“大白”准确实现对医疗耗材入库、申领、出库、配送、使用记录等的全过程的管理。这一方面有利于对医疗耗材进行追根溯源，另一方面有利于大幅度提高手术室内部的管理效能。

除了医疗耗材配送以外，“大白”还可以完成医疗耗材的使用分析和成本核算，并根据具体的手术类型，设定不同的医疗耗材使用占比指标，以此进行医疗耗材使用绩效评估，从而促进医疗耗材的合理使用，节约相关成本支出。这样可以使医疗物资管理变得更加有效，以便在降低运营成本的同时保障患者的权益。

其实像“大白”这样的医疗机器人还有很多，而这些医疗机器人也有着不同的功能，如帮助医生完成手术、回答患者的问题、接受患者的咨询等。不过必须承认的是，医疗机器人只能算是一个辅助的工具，它不可能，也无法承担所有的医疗工作。

8.1.2 药物挖掘：降低药物研发成本

众所周知，在医疗领域，药物研发是一件很困难的工作。传统的药物研发通常面对着3个难题。第一，比较耗时，周期长；第二，效率低；第三，投资量大。并且，即使药物已经进入了临床试验阶段，也只有其中的极少数能够成功上市销售。在种种因素影响下，药物的研发成本十分高昂。

由于以上3个难题，再加上试错的成本越来越高，越来越多的药物研发企业将研发重点转向人工智能领域，希望能够借助人工智能技术为药物研发赋能。借助人工智能技术，药物的活性、药物的安全性以及药物存在的副作用都可以被智能地预测出来。

总之，很多企业都希望通过人工智能来提升药物研发的效率，从而节省投资与研发成本，并取得最好的研发成效。目前借助深度学习等算法，人工智能已经在肿瘤、心血管等常见疾病的药物研发上取得了重大的突破。同时，利用人工智能研发的药物在抗击埃博拉病毒的过程中也作出了重大的贡献。

目前，在“人工智能+药物研发”层面，比较顶尖的企业有9家。这些企业大部分都位于人工智能比较发达的英美地区，如表8-1所示。

表8-1 世界顶尖的9家“人工智能+药物研发”企业

排名	企业名称及其所在地
1	BenevolentAI，位于英国伦敦
2	Numerate，位于美国圣布鲁诺
3	Recursion Pharmaceuticals，位于美国盐湖城
4	Insilico Medicine，位于美国巴尔的摩
5	Atomwise，位于美国旧金山
6	NuMedii，位于美国门洛帕克
7	Verge Genomics，位于美国旧金山
8	TwoXAR，位于美国帕洛阿尔托
9	Berg Health，位于美国弗雷明翰

表8-1中的这些企业都是创新型企业。其中历史最悠久的是Berg Health，于2006年成立；历史最短的是Verge Genomics，成

立于2015年；最亮眼的是BenevolentAI，它是欧洲最大的药物研发企业，成立于2013年，目前已经研发出了近30种新兴的药物。

虽然出现了很多优秀的企业，但是对于“人工智能+药物研发”，科研界人士并不是一味地看好。例如，某位专家就发表过这样的言论：“我并不觉得人工智能与药物研发的结合是不可能的。但是如果有人告诉我，他们能预测所有化合物的活动，那么我可能会认为这是在胡说八道。在相信之前，我想看到更多证据。”

确实，从目前的情况来看，人工智能在药物研发方面的成果有限。在没有看到更多的成果时，专家的存疑还是有一定的道理的。不过这只会是一种暂时的现象，我们应该相信科学，相信人工智能可以使我们的身体更健康、生命更长久。为了使人工智能在药物研发方面发挥更大的作用，更有质量保证，我们需要做好把控。

首先，做好大数据把控。具体来讲，大数据必须要精确、高质、高量。大数据是所有企业发展的必要支撑，如果没有精准的大数据，一切都是妄谈。对于药物研发企业来讲，更需要做好高质量的数据积累。因为良好的数据库能够为药物的研发提供更加准确的药物资料，当人工智能进行深度学习时会有更好的效果。

其次，积极培养药物的市场。市场有多大，产品研发需求就有多强烈。有了好的市场前景，研发机构自然而然就会积极地进行药物研发。在培养药物的市场时，除了要积极通过新媒体渠道进行宣传以外，还应该与权威的医院或者医生达成合作。如此一来，由人工智能研发出来的药物才会迅速在市场上获得积极反响。

最后，积极培养药物研发人才。目前，药物研发人才还是比较稀少的，因此，无论是从教育角度还是科学研究角度，都要积极培养这类人才。在培养的过程中，要给予充分的资金支持以及人文关怀。

综上所述，传统药物研发存在一些难以弥补的缺憾，人工智能可以为其注入新的活力，促进其发展。与此同时，要想使“人工智能+药物研发”尽快落地，就要做好数据积累，积极培养人才。

8.1.3 医学影像：辅佐和代替医生看胶片

如今，很多医学影像仍然需要医生自己去分析，这种方式存在着比较明显的弊端，例如，精准度低、容易造成失误等。而以人工智能为基础的“腾讯觅影”出现以后，这些弊端就可以被很好地解决。

“腾讯觅影”是腾讯旗下的智能产品，在诞生之初，该产品还只可以对食道癌进行早期筛查，但现在已经可以对多种癌症，如乳腺癌、结肠癌、肺癌、胃癌等进行早期筛查，而且已经有超过 100 家的三甲医院成功引入了“腾讯觅影”。

从临床上来看，“腾讯觅影”的敏感度已经超过了 85%，识别准确率也达到 90%，特异度更是高达 99%。不仅如此，只需要几秒钟的时间，“腾讯觅影”就可以帮医生“看”一张影像图，在这一过程中，“腾讯觅影”不仅可以自动识别并定位疾病根源，还会提醒医生对可疑影像图进行复审。

例如，“腾讯觅影”可以提高胃肠癌早诊断、早治率的概率，有效减少“发现即晚期”的病例。

可见，“腾讯觅影”有利于帮助医生更好地对疾病进行预测和判断，从而提高医生的工作效率、减少医疗资源的浪费。更重要的是，“腾讯觅影”还可以将之前的经验总结起来，提高医生治疗癌症等疾病的能力。

现在有很多企业在做智能医疗，但拼的是能否得到高质量、高标准的医学素材，而不是有了成千上万的影像图就能得到正确的答案。为此，在全产业链合作方面，“腾讯觅影”已经与我国多家三甲医院建立了智能医学实验室，而那些具有丰富经验的医生和人工智能专家也联合起来，共同推进人工智能在医疗领域的真正落地。

目前，人工智能需要攻克的一个最大难点就是从辅助诊断到应用于精准医疗。例如，宫颈癌筛查的刮片如果采样没有采好，最后很可能会误诊。采用人工智能技术之后，就可以对整个刮片进行分析，从而迅速、准确地判断患者是不是得了宫颈癌。

通过“腾讯觅影”的案例我们可以知道，在影像识别方面，人工智能已经发挥出了强大作用。未来，更多的医院将引入人工智能技术，这不仅可以提升医院的自动化、智能化程度，还可以提升医生的诊断效率以及患者的诊疗体验。

8.1.4 精准医疗：大数据＋神经网络＋深度学习

精准医疗是一种新型的医疗模式，其遵循基因排序规律，能够根据个体基因的差异进行差异化医疗。精准医疗可以有效缓解患者的痛苦，达到最佳的治疗效果，因此实现精准医疗一直是很多医护人员的梦想。

精准医疗的发展离不开大数据、神经网络和深度学习等技术的应用，这 3 项技术是鞭策精准医疗前进的动力。

在人工智能时代，“数据改变医疗”已经成为一个核心的理念。无论是中医还是西医，在本质上都是要深入实践，根除患者的疼痛，为患者带来身体的健康。为深入医学实践，医生需要反复地进行经验总结，运用统计的方法找到治病的规律，最终达到药到病除的效果。借用大数据，通过云平台与智慧大脑的分析，医生可以用更快的速度进行病情诊断。

例如，癌症一直是医疗领域的难题。每一个癌症患者的临床表现各不相同，即使是同一类癌症患者，他们的临床表现也会不同。这就为医生的临床治疗制造了很大的难题，更别说要做到个性化的精准医疗。

为了攻克医学难题，微软亚洲研究院的团队开始借助大数据技术钻研脑肿瘤病理切片。通过详细的数据分析，医生能够快速了解肿瘤细胞的形态、大小与结构。通过智能分析，医生能够迅速判断出患者所处的癌症阶段。这就为癌症的预防与诊断提供了一个良好的思路。同时，随着大数据的进一步发展，精准医疗的效率也会越来越高。

“神经网络 + 深度学习”模式能够大幅提升精准医疗的精度，能够为患者带来更多的福音。近年来，微软亚洲研究院的团队借助“神经网络 + 深度学习”模式取得了两方面的重大突破，一是高效处理大尺寸病理切片，二是有效识别病变腺体。

一般而言，脑肿瘤病理切片图像会达到 20 万 × 20 万的像素。超高的图片像素不利于对病理切片的处理。微软亚洲研究院的团队利用数字医学图像数据库，自主搭建神经网络和深度学习算法，经过大量的医学实践，最终能够高效处理大尺寸病理切片。

在处理完大尺寸病理切片的难题后，微软亚洲研究院的团队又实现了对病变腺体的有效识别。腺体是多细胞的集合体，类似于“器官”这一概念。腺体病变的复杂性非常高，而且腺体病变的组合类型也有着指数增长的态势，这是无法通过人力解决的。

然而，“神经网络 + 深度学习”模式则能够让智能系统学习病变腺体和癌细胞的各种知识，同时，也能够快速了解正常细胞与癌细胞之间的主要差别。这样的智能系统能够帮助医生快速分析癌症患者的病情，同时能够迅速为医生提供治疗的相关意见。

另外，人工智能赋能的计算机具有强大的运算能力，这就能够有效弥补医生的经验不足，能够减少医生的误判，减少医疗事故的发生。大数据加持的计算机能够发现更为细微的问题，从而帮助医生发现一些意料之外的规律，完善医生的知识体系，提升医生的治病能力。

整体来讲，借助“神经网络 + 深度学习”模式，医生能够准确识别腺体状态，大大提高癌症分析的准确程度，达到精准医疗的效果。

为了使精准医疗的效果更好，我们还需要不断进行技术的创新和方法的创新。例如，一些先进的医疗团队借助“语义张量”的方法，让智能医疗机器拥有庞大的“医学知识库”。所谓“语义张量”，就是让智能医疗机器学习医学本科的全部教材、相关资料以及临床经验，用“张量化”的方式进行表示，最终拥有庞大的医学知识库。

另外，一些智能医疗团队使用了语义推理方法，让智能医疗器械拥有更智能的“大脑”。例如，借助关键点语义推理和证据链语义推理等多元的推理方法，医疗机器人能够听懂人类的语言，而且能够根据人类的语言进行多层次的能力推理，从而像医生一样拥有“大脑”，可以进一步分析患者的症状，对患者的病灶进行根除。

随着人工智能的稳步发展，精准医疗的水平必将迎来质变。当然，精准医疗的发展仅仅依靠人工智能是远远不够的，还需要医生的主动学习和不断进步。只有这样，医生才可以更好地为患者服务，人类的健康才可以更有保障。

8.2 案例汇总：数字化医疗解决方案

人工智能在医疗领域存在广阔的应用前景，正是因为看到了这一前景，越来越多的企业聚焦医疗领域，依托人工智能技术进行智能系统研发，并提出了很多数字化医疗解决方案。这些实践应用在促进医疗领域发展的同时，也为其他医药企业、医疗机构等提供了成功范例。

8.2.1 IBM Watson：聚焦肿瘤治疗

IBM Watson 是人工智能医疗领域的项目之一，也是智能医疗领域的标杆性产品。IBM Watson 的人工智能系统具有超强的计算能力和认知计算系统，能够为患者定制疾病治疗方案，其提供的方案能与世界顶级专家研究定制的方案相媲美。

在肿瘤癌症治疗领域，IBM Watson 作出了极大的贡献。杭州认知科技是 IBM Watson 的中国运营商之一，其与北京、上海、广东等多个省市的几十家大型三甲医院合作，进行 Watson for Oncology（沃森智能肿瘤会诊系统）的“人工智能与人类肿瘤专家的治疗决策一致性研究”。肺癌、乳腺癌、结肠癌等发病率较高的癌症都被纳入其中进行研究。研究一共包括 2000 多例数据，这在中国的多中心多瘤种的临床决策一致性研究中，是首次大规模的样本分析。

研究结果显示，Watson for Oncology 为这些癌症提出的辅助治疗、术后辅助和一线治疗的方案，都和肿瘤专家的方案具有很高的一致性。这意味着 Watson for Oncology 能够在实际应用中为临床医生提供十分有参考价值的意见。Watson for Oncology 的智能决策能力可以为患者提供更加个性化和针对性的治疗方案。

IBM Watson 在肿瘤治疗上的作用得到一线医院的青睐。朱庇特医疗中心是美国佛罗里达州的一家非营利性社区医疗中心，也是美国第一家采用 IBM Watson 技术的区域性医院。朱庇特医疗中心希望利用 IBM Watson 技术帮助医生更好地进行癌症治疗。

朱庇特医疗中心的主席兼 CEO 约翰·库里斯曾表示：“在朱庇特医疗中心，我们致力于探索药学和保健领域中的新方法。在我们的世界级癌症研究项目中，IBM Watson 的肿瘤治疗将构成其中重要的一部分。”

通过学习不同的期刊、教材和文献资料，IBM Watson 的人工智能技术可以实现为医生提供诊疗建议，并根据疗效的不同将提出的建议分级，方便配合行业中的“同行评审”和临床试验研究参考。

IBM Watson Health（IBM 沃森健康）肿瘤与基因组研究中心的副主席罗布·默克尔认为：“全球和全美的社区越来越需要提高效率，需要能够从不计其数的癌症研究资料中快速找到重要信息的办法。”在实际的诊疗中，IBM Watson 的人工智能技术可以为医生快速提取病历的主要内容、评估医学文献的价值，提高医生的诊疗效率。

当前，IBM Watson 在癌症领域的应用已覆盖全球多个国家。例如，IBM Watson 曾与日本东京大学医学院合作，通过在 10 分钟内阅读 2000 万份医学文献和病理资料，为该医院的一位 66 岁女性白血病患者寻找基因突变位点，成功帮助医院找到有效的治疗方案，患者成功获救。

因人工智能系统出色的数据处理能力，IBM Watson 聚焦肿瘤治疗取得十分出色的成绩，为医生和患者带来新的希望。随着应用的进一步深入，IBM Watson 在肿瘤治疗的实践应用中将会有更好的表现。

8.2.2 百度：百度医疗大脑实现人工智能问诊

在智能医疗不断发展的背景下，人工智能问诊项目也得到众多公司的关注。百度作为我国互联网行业巨头之一，旗下的百度医疗大脑在人工智能问诊上取得突破性的进展。

患者通过百度医疗大脑可以实现人工智能问诊。在综合各项医疗大数据之后，百度医疗大脑会给患者准确的问诊结果。

互联网早已和医疗行业产生联系，许多软件提供在线预约挂号和在线问诊的功能，但这些功能依旧需要医生单独完成问诊和治疗，效率很低。百度医疗大脑则不同。借助人工智能技术，患者在百度医疗大脑平台上就能得到病症的初步诊断，完成自诊。这样一方面降低了人们对一些疑似重大疾病所带来的恐慌；另一方面能使人们提前发现真正的大病，尽早就医。

对于医生而言，百度医疗大脑的应用具有提高问诊效率的作用。通过输入信息，患者可在挂号时完成预诊工作，大大提高就诊的效率。人工智能为医生收集患者的各项数据，生成参考报告，方便医生参考依据进行诊疗决策。

百度医疗大脑能够实现智能问诊，是因为智能问诊的各项技术达到了研发条件，如图 8–1 所示。

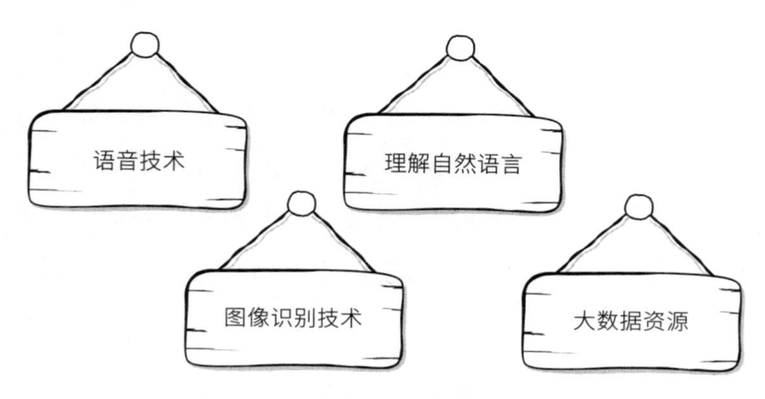

图 8-1　实现智能问诊的关键技术

1. 语音技术

在实际生活中，很多患者，如老年患者、儿童患者等无法依靠打字或手写的方式完成病情描述，只能依靠口头描述。要想实现在线的智能问诊，语音技术就是硬性要求。百度的语音技术处于世界前列，公司旗下的 Deep Speech2 深度学习语音技术被《麻省理工评论》评选为十大突破性技术，为百度医疗大脑实现智能问诊提供了基础。

2. 图像识别技术

很多疾病的发病症状十分相似，只有经验丰富的医生经过面诊后才能确定。实现智能问诊这一目标只依靠语音技术是无法完成的，必须具有图像识别技术。百度的 Deep Image 可以实现图片内容的识别，这对病情诊断所需要的图像识别具有极为重要的意义。

3. 理解自然语言

除“听得见”（语音技术）外，“听得懂”（理解自然语言）也是人工智能问诊需要实现的目标。通过自然语言理解技术，智能问诊系统能够抓住患者的关键词，精准地确定患者的病情。百度搜索基于自然语言的理解技术，而百度医疗大脑在这方面的表现也十分出色。

4. 大数据资源

医生问诊依据的是丰富的临床经验，这种经验对人工智能来说表现在充分的医疗数据资源。随着大数据技术和人工智能技术的发展，智能问诊平台在这方面有了极大的突破，能够迅速检索医疗数据，并在一次次的问诊中不断学习，丰富自身的数据库。百度医疗大脑囊括海量的医疗数据，包括各种权威教材、权威期刊和实际医疗病历数据，能够在深度学习这些资料后为患者提供精准的问诊服务。

百度前总裁张亚勤认为，技术一直都在为人类带来医疗上的改变，这种改变大致可以划分为 3 个阶段。第一阶段是将人与信息连接起来，使人们了解到一定的医疗信息，这一阶段已经完成；第二阶段是将人与服务连接起来，使患者能够更加便捷地获得医疗服务，这一阶段仍在进行中；第三阶段是将人与智能连接起来，通过百度医疗大脑的人工智能问诊平台，可以实现医疗的病前预测，而不是只局限于传统的病后治疗。

百度医疗大脑进军问诊领域，表明了人工智能已经深入医疗的各个环节。随着人工智能技术的进一步发展，各项技术不断成熟，“人工智能 + 医疗”一定会为人们带来更加便捷、高效的服务。

8.2.3 平安好医生：人工智能医生进行辅助问诊工作

平安好医生是在线健康咨询和健康管理的移动软件，可为患者提供预约挂号、实时咨询和健康管理等服务医疗健康服务。平安好医生曾耗资 30 亿元打造人工智能医生，全面推进智能医疗。

人工智能医生不是取代医生直接给患者看病，而是代替医生完成一些重复性较高的初级咨询工作，实现医生的产能最大化。“人工智能医生”共包含 3 项重要功能，如图 8–2 所示。

图 8-2 “人工智能医生”的 3 项重要功能

1. 智能辅助诊疗系统

智能辅助诊疗系统是人工智能医生进行问诊的核心，也是平安好医生在人工智能技术应用上的重大突破。智能辅助诊疗系统在分诊、导诊、转诊等方面都有良好的应用。在获得患者的允许后，智能辅助诊疗系统能够为患者建立“数据化病历”“健康档案”等资料，使患者在寻医问诊时不必重述病情和携带大量资料。

2. 三端口多维服务

三端口分别指手机端、电视端和家庭端，不同的端口面向不同年龄阶段的人群，为其提供科学的医疗健康知识，如表 8–2 所示。

表 8-2 “人工智能医生”三端口多维服务

端口种类	面向人群	具体功能
手机端	年轻人群	年轻人群对手机的使用频率较高，移动端口可为其提供健康咨询
电视端	中老年人群	通过电视为中老年人群提供视频问诊，能够为其提供个性化服务
家庭端	全体家人	通过安装智能家庭健康硬件产品，能够为全体家人提供“家庭医生”服务

3. 现代华佗计划

人工智能医生整合从古至今的中医知识，包括浩如烟海的中医典籍、各种案例和各大研究机构的研究成果等，推出了“现代华佗计划”项目。在该项目中，人工智能医生研发出了中医的人工智能“决策树”，为患者提供科学全面的中医诊疗。

一家三甲医院的日门诊量一般在几千人，而平安好医生推出的人工智能医疗问诊服务平均每天可提供37万次在线咨询，这相当于上百个三甲医院的日问诊量。而且，根据调查显示，人工智能医生的用户满意度高达97%，平安好医生的用户注册量也因此与日俱增。

正如平安好医生董事长所说，随着技术的不断发展，人工智能和医疗结合是必然趋势。平安好医生在人工智能医生的应用基础上，将继续推进人工智能的基础性数据累积和研究应用，实现人工智能技术对医疗健康领域的全面渗透。

第 9 章

人工智能 + 社交娱乐：新玩法与新规则

人工智能在社会中的应用十分广泛，正如中国人工智能学会名誉理事长所说的那样："人工智能已经被广泛应用到社会生产和大众生活的方方面面，新媒体和社交娱乐领域也不例外。"当前，人工智能已经渗透到我们的社交娱乐中，并不断创造出新玩法与新规则。智能媒体涌现、新的社交玩法出现、新奇的娱乐体验越来越多，人工智能为社交娱乐领域加入了新的发展基因。

9.1 AI 时代，智能媒体应运而生

人工智能的发展催生了智能媒体，并成为智能媒体发展的核心动力。当下，智能媒体产业不断完善，在信息采集、内容生产、内容风控、媒体经营等诸多方面都有所应用。借助人工智能技术，智能媒体能够更高效地对文字、图片等进行处理，进行新闻播报、新闻创作等工作。

9.1.1 智能媒体：未来无限可能

“大家好，我叫新小微，是由新华社联合搜狗公司推出的全球首位 3D 版 AI 合成主播，我将为大家带来全新的新闻资讯体验。”一段“未来感”十足的视频播报让人眼前一亮，而播报这段新闻的就是 AI 合成主播新小微。

新小微是怎样诞生的？新小微以新华社记者为原型，采用人工智能技术“克隆”而成。从外形上看，新小微具有酷似真人的形象，甚至连头发丝和毛孔都清晰可见，在立体感、灵活度、交互能力等方面都有了很大提升。

与一些依靠动作捕捉技术行动的虚拟主播相比，新小微最大的不同之处就在于它是依靠人工智能驱动，输入文本后，新小微便能够在人工智能的驱动下，生成语音、表情，流畅地进行播报。同时在人工智能的驱动下，新小微还能够进行功能的持续自我更迭。随着后期自我更迭，新小微的工作空间会更大，它将走出演播室，在更多的场景中以多样的形式呈现新闻。

除了新闻媒体外，娱乐媒体中也诞生了很多智能媒体。2020 年 7 月，城市虚拟 IP“白素素”与一名真人主播共同开启了直播，双方通过对话的方式，介绍了杭州的地域风光，和大家分享了杭州的旅游景点和美食。

白素素来源于杭州相芯科技有限公司、杭州星亿文化艺术有限公司等发起的“城市数字 IP 形象直播项目”。该项目以人工大脑为技术基础，为城市、旅游景区打造虚拟 IP 形象，并利用移动终端、线下智慧大屏等实现导流，从而实现基于虚拟 IP 的游戏社交、旅游导览、直播带货等功能。

白素素就是该项目在启动仪式上推出的虚拟 IP 形象，这一形象以民间传说人物白素贞为原型，结合更细化的设计，最终成为杭州城市旅游代言人。活动中，白素素与一名真人主播共同开启了直播，在聊天的同时对杭州的风景、美食进行了介绍。直播中，白素素不仅对杭州的景点和美食如数家珍，还向观众展示了自己的舞蹈才艺，让很多观众连连称奇。

当前，越来越多的企业都推出了多样的智能媒体，并通过它们播报新闻、制作短视频、直播带货等。在人工智能技术的支持下，智能媒体将有无限可能。

9.1.2 有了 AI，机器人也可以写新闻

除了新闻播报外，智能媒体还可以自主进行内容创作，完成新闻信息的采集和撰写。例如，云南省首个写稿机器人“小明”就做得十分不错。

作为一款融合了人工智能系统的写稿机器人，小明能写出涉及日常出行、天气预警、民生菜价、演出活动等众多方面的民生新闻。同时，小明不仅能够写多种内容的稿件，而且创作速度非常快，1 秒就可写出 100 字稿件。

研发出小明的研究所所长曾表示：“此前，写稿机器人大显身手的领域基本是体育和财经，因为这两个领域都涉及大量数据。从庞杂、枯燥的数据中寻找模式，就准确度和速度而言，机器人比人类更有优势。而民生新闻的生成对机器人来说略为复杂。因为主题较多，衣食住行样样都有，缺乏固定的模式，对机器写稿‘能力’

是一种考验。”

在小明的系统中，融合了人工智能、自然语言处理等技术，能够对全网的消息进行融合分析，发掘出重要的消息内容，并用模板转换成自然语言发布成稿件。换句话说，小明能够通过算法将获取的信息转化成稿件，而这份稿件在自然语言技术的处理下，能够符合人们的日常阅读习惯。

小明的工作流程如图 9–1 所示。

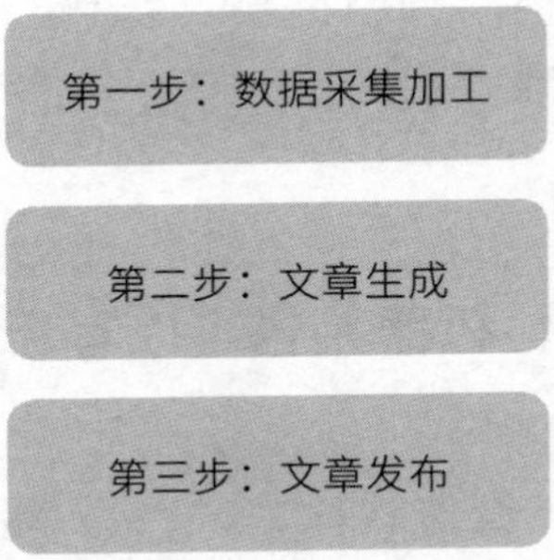

第一步：数据采集加工

第二步：文章生成

第三步：文章发布

图 9-1 小明的工作流程

第一步：数据采集加工

数据采集加工过程包括对材料的深度挖掘、相关领域知识整合等过程。

第二步：文章生成

文章生成过程包括人工模块规划和文章实现两个大模块，主要解决文章内容写什么、怎么写以及如何呈现等问题。小明能够对已有的文本素材进行语句的分析筛选和融合加工，以秒速生成报道。

第三步：文章发布

当小明生成文章后，将会发布在掌上春城、昆明报业传媒集团等众多新媒体平台上。除此之外，智慧城市全网综合服务平台“我家昆明”以及都市时报等媒体也会不定期发布小明生成的相关稿件。

随着自然语言处理、大数据计算等人工智能技术不断进步，写稿机器人也渐渐增多。除国内的小明等写稿机器人，国外在写稿机器人进行新闻报道上也有许多探索和实践。

例如在美国加州发生4.4级地震时，《洛杉矶时报》利用写稿机器人仅用3分钟就成功发布了新闻，成为当时最快在网站发布相关消息的媒体；美联社与科技公司Automated Insights已经达成合作，使用该公司的Wordsmith平台自动编辑、发布企业财报；《纽约时报》使用写稿机器人进行财经报道、运动比赛报道已成惯例，其机器人编辑Blossom blot每天可为读者推送300篇文章，而且经其推送的文章的阅读量是未被推送的文章的38倍。

国内外写稿机器人的大量案例都证明一个事实：人工智能正在稿件创作领域带来革命性的变革。与人类相比，人工智能写稿机器人具有速度快和数据处理能力强的特点，能够在极短的时间内进行数据和信息的收集与分析，然后生成稿件。记者和编辑人员则在对事件进行演绎、联想等更高层次的分析上更具有优势。

当人工智能机器人能够快速地完成稿件书写后，人类将不再需要进行简单、重复性的工作，可以有更多的精力去完成更有深度的文章。

9.2 人工智能：新社交引领者

当前，有越来越多的社交产品融入了人工智能技术，大大提升了产品的使用体验。在人工智能系统的助力下，社交产品能够更精准地为用户匹配同类人群，更智能地进行内容分发，这些都提升了用户的社交体验。

9.2.1 人工智能匹配，Soul 打造社交新体验

当前，在年轻人的世界中，社交软件 Soul 很受人们的喜爱，其最突出的特色就是依据人工智能匹配系统打造社交新体验。

Soul 是一款匿名社交软件，人们不需要上传真实照片，也不用透露除兴趣爱好以外的个人信息。Soul 支持人们创建虚拟形象、编辑虚拟身份，在这里，你可以不再是现实中的你。人们在踏入这个虚拟社交社区的时候，可以为自己设计一个虚拟身份，展示自己的个性和才华，不会受到现实身份的牵绊，或物理特征的限制，如年龄、长相、社会地位等。同时，在设计好虚拟形象后，人们需要填写“灵魂测试问卷”，然后就会被分配到 30 个不同的“星球”，结识更多志同道合的朋友。

在社交的过程中，人们可以选择适合自己的标签、录制声音名片等，进一步完善自己的形象。同时在与人互动的过程中，人们可以通过发布内容展示自己、获得他人的关注、评论和点赞，可以通过文字、语音、视频匹配等方式与他人进行对话，也可以参加多人语音互动的群聊派对，或者和他人一起玩游戏。

在人们社交的过程中，Soul的人工智能算法会根据每个人完善的个人情况向其推荐可能感兴趣的人或内容。而这种智能匹配系统也为人们提供了别样的社交体验。

9.2.2 成为专职导游，敦煌小冰与游客社交互动

“你好，我是‘敦煌小冰’，人工智能萌妹子。我会陪你聊天，还会告诉你所有敦煌的故事。”这款人工智能机器人敦煌小冰由敦煌研究院和微软亚洲研究院、微软亚洲互联网工程院联合研发，旨在为游客讲解敦煌文化。敦煌小冰的出现极受年轻人的喜爱，为传播敦煌文化带来了新的方式。

在敦煌小冰的研究开发中，敦煌研究院为敦煌小冰提供学习数据，微软则提供最新的自主知识学习技术（Doc Chat）和开发支持。与以往通过大量的对话训练机器人的方式不同，Doc Chat可以直接从非结构化文档中选取句子作为对话训练的资料。

利用Doc Chat这一先进的自主学习技术，敦煌小冰对互联网上有关敦煌文化的文章和敦煌专著《敦煌学大辞典》实现了快速学习，成为一个具有精深敦煌莫高窟知识的、24小时在线的专家。根据统计，敦煌小冰每年至少帮助200万人了解、学习古老神秘而又富有魅力的莫高窟艺术。

“数字技术让不可移动的文化遗产活了起来，以此为基础，加上人文学者的研究成果，可以让古老的文化艺术搭上互联网的快车，走向千家万户。”敦煌研究院前院长王旭东说。敦煌小冰的存在使游客拥有了一个贴身陪伴的敦煌攻略小助手和知识讲解员，能

够感受到更贴心的服务。

总之，人工智能能够应用于我们生活中的各个方面，开启多样的社交场景，带给人们不一样的社交体验。

9.3 人工智能助力娱乐领域，解锁娱乐新体验

在娱乐领域，人工智能技术在影视、综艺、游戏等方面都有所应用。在影视方面，人工智能推动了影视创新，也成为相关影视公司的核心竞争力；在游戏方面，人工智能技术的应用使游戏的运行更加稳定，大大提升了玩家的游戏体验。

9.3.1 人工智能 + 影视：打造爆款影视的秘诀

爱奇艺推出的众多影视节目成为爆款影视，背后带来的流量效应非常可观。爱奇艺是如何在众多影视平台中脱颖而出、屡屡打造爆款影视的？爱奇艺创始人、首席执行官龚宇透露，人工智能技术在其中起到很大的作用。

在大数据带来的算法变革背景下，互联网用户越来越习惯各种平台推送自身感兴趣的内容，这在视频产业也不例外。在满足用户这一需求时，爱奇艺并不是简单地采用纯机器推荐算法，而是深度利用人工智能技术，在智能创作、智能生产、智能标注、智能分发、智能播放、智能变现和智能客服等 7 个方面指导创作者的创作（如图 9–2 所示），为用户带来喜爱的内容。龚宇认为，在人工智能

的帮助下，爱奇艺具备差异性的竞争优势。

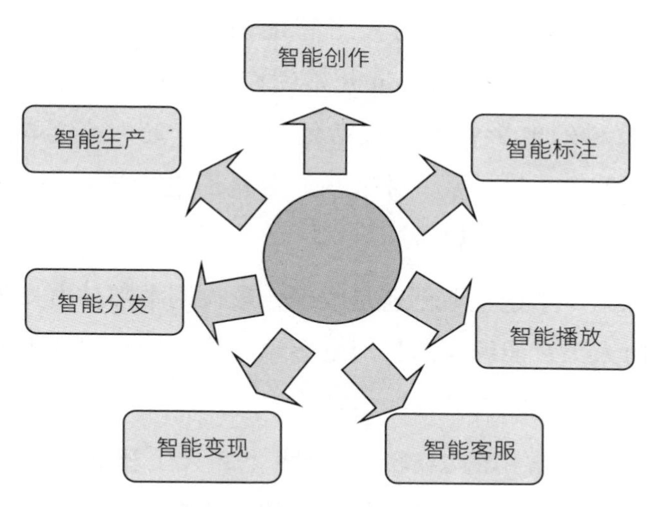

图 9-2 爱奇艺的人工智能应用

龚宇对于应用人工智能带来的优势曾说过："虽然现在机器不可能完全准确预测内容，但是有了人工智能系统，至少能让我们更准确地做出判断。""当前爱奇艺基于机器学习的预测中，电影票房预测可以做到提前半年的方差准确率高达 77%；在电视剧流量预测方面，提前半年到一年的方差准确率均高达 88%。票房的预测帮助我们决定要不要采购这部电影，采购价格应该是多少，同时对我们自己原创和投资电影也有很大帮助。"

同时，爱奇艺也十分重视与其他企业的合作，例如，爱奇艺和百度达成了合作，共同在影视行业深入研究人工智能技术的应用。

人工智能不仅能辅助企业打造爆款影视，还能够编写剧本、一键实现影视业的 2D 转 3D。

大卫·哈塞尔霍夫曾出演过一部科幻短片"*It's No Game*（《这不是游戏》）"，尽管该电影只有短短九分钟，却是一部情节完整的科幻电影。而电影的剧本正是由人工智能算法 Benjamin 撰写。

Benjamin 由纽约大学的人工智能研究员奥斯卡·夏普和罗斯·古德温编写。在 Benjamin 开始创作剧本前，系统中已经被存入了几十篇科幻电影剧本，包括经典电影《超时空圣战》《捉鬼敢死队》《第五元素》等。对这些经典科幻电影进行深度学习后，Benjamin 就开始了创作剧本。

一直以来，不论是原创还是改编，影视剧本都是由人类创作产生。这部由人工智能编写的科幻电影短片让人们意识到了人工智能在创意性工作上的巨大潜力。

在影视行业常用的 2D 转 3D 技术上，人工智能也展现出非凡的能力。在我国工业和信息化部主办的“三维显示技术与产业发展高峰论坛”上，聚力维度研发的人工智能立体设计师“峥嵘”为人们展示了自动将 2D 影视内容转换为 3D 内容的能力。

根据聚力维度创始人兼首席技术官赵天奇所说，基于人工智能和三维显示技术研发，“峥嵘”是一款智能 3D 制作平台。利用“峥嵘”，使用者可不受地点和时间的限制，随时将普通平面图片和视频转制成具有影院级 3D 视效的图片和视频。

赵天奇认为，由于现在的影视制作行业以劳动力密集型为主的形式，与先进的影视传播形式出现巨大的矛盾，因此影视制作的智能化是现实需求，人工智能技术必将对影视行业带来新的革命。

9.3.2 人工智能 + 游戏：激活游戏体验

在宣布获得《绝地求生：大逃杀》中国的独家代理运营权后，

腾讯云正式发布了 Supermind 智能网络产品，用人工智能技术保障玩家的游戏体验和网络安全。

游戏经常出现卡顿一般代表网络链路出现故障。在传统网络中，一旦网络出现故障，就需要网络工程师一一探查网络的各个环节。这意味着工程师需要从几百条甚至更多的线路警告中一一排查，寻找相关信息，再逐个对某个机房、某个主机进行具体的检查，这样一套流程至少要花费半小时。

而腾讯云推出的 Supermind 智能网络在人工智能技术的加持下，拥有高性能、全球互联、智能化等特点，能够充分解决之前游戏存在的卡顿等现象，如图 9–3 所示。

图 9-3　Supermind 智能网络的特点

1. 高性能

腾讯云服务器在物理网卡上实现优化升级，并利用智能网卡 SDN 模块的网络动作层和策略层分离，将腾讯云主机的网络带宽吞吐提升了超过 3 倍。

2. 全球互联

腾讯云在全球超过 21 个地理区域部署 36 个可用区节点，为用户提供全球近100路的运营商BGP接入和TB级的总出口带宽能力，帮助用户实现更好的网络互联。

3. 智能化

利用人工智能技术，腾讯云Supermind智能网络可以在数以万计的线路中找到最合理的线路进行智能规划。在人工智能定位的帮助下，线路规划时间缩短到5分钟以内，游戏平均的处理时间降低75%。

除此之外，人工智能技术还为腾讯云提供人工智能模式拆解、综合性信息防护等功能，实现从网络设计到运营管理再到安全监控整个环节的智能闭环。

除了在云平台上保障游戏的顺畅运行外，人工智能技术也被应用于游戏制作之中，如EA、SONY等游戏大厂已经在人工智能游戏引擎、神经网络开发、人工智能操作系统等多方面展开了研究，致力于开发“人工智能+游戏”的潜力。

以游戏人工智能引擎为例，它可以帮助开发者简化游戏制作流程，降低制作难度。这样一来，开发游戏缩短，开发者可以将大量时间用在创作新型玩法上，带给玩家更多新奇的体验。

应用比较广泛的游戏人工智能引擎有3类：人工智能渲染引擎、非玩家角色（Non-player Character，NPC）制作引擎和游戏创作引擎，如图9-4所示。

（1）人工智能渲染引擎

人工智能渲染引擎可以多倍提升画面渲染能力，真正做到“一

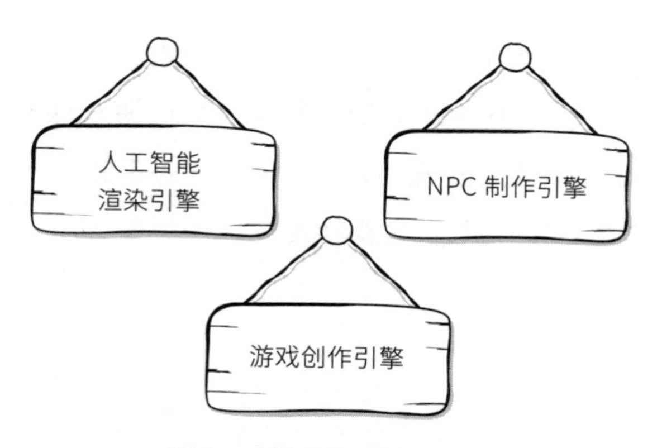

图 9-4 游戏人工智能引擎

秒渲染”。英伟达公司曾推出一款 GPU 渲染工具 NVIDIA OptiX 5.0，其可以运用机器学习技术为画面补充缺失像素、智能去噪和光线追踪。该人工智能引擎不仅大大节省了渲染时间，还大幅提升了可视化效果。

（2）NPC 制作引擎

游戏中灵活自然的 NPC 角色能够为玩家带来更加逼真的游戏体验。人工智能 NPC 制作引擎不仅可以帮助开发者创造反应更加符合真人效果的 NPC，甚至还能直接创造 NPC 角色，Rival Theory 公司创建的 RAIN AI 引擎就是如此。由 RAIN AI 引擎创建的 NPC 角色具有极高的实时反应性，在语言、动作等的表现方面都十分优秀。

（3）游戏创作引擎

除了创建 NPC 外，人工智能引擎甚至能直接创建游戏。印度一家初创公司 Absentia VR 推出了一套简化游戏制作的引擎 Norah AI，其能智能生成简单的游戏，大大简化游戏的制作流程。

总之，无论是网络构架，还是游戏制作，人工智能都能为游戏带来新的变革。这一方面能够带给玩家更好的游戏体验，另一方面也为整个游戏产业带来开发上的新思路。“人工智能 + 游戏”的不断融合必定会推动整个产业的蓬勃发展。

第 10 章

人工智能 + 生活：创意生活来袭

当前，人工智能已经和人们的生活融合在一起。打开电视，我们能够看到各种智能产品的发布会、人工智能技术取得突破等新闻，而在日常生活中，智能音箱、智能扫地机器人等也走进了很多人的生活。在人工智能的帮助下，我们的生活变得更便捷、更具创意。

10.1 多样化智能产品走入家庭

随着人工智能技术的发展，其越来越多地渗透到我们的生活中。例如，智能音箱“天猫精灵”、百度推出的智能音箱“小度在家”、小米公司推出的智能音箱“小爱同学”等都受到了消费者的追捧。而除了智能音箱之外，智能家居、智能试衣间、智能监控等相关智能产品也层出不穷，不断地刷新人们对智能生活的认知和体验。

除了对我们家庭生活的变革外，人工智能还极大地改变了城市生活，城市大脑、智慧社区等都已经开始了落地实践。这不仅有效保障了城市安全，也让我们的生活更加便捷。

10.1.1 智能音箱：贴心的小管家

Canalys 提供的数据显示，2019 年第四季度，全球智能音箱的销量增长了 52%。在智能音箱获得良好发展的同时，各大企业也纷纷加强研究和设计工作，并取得了不错的效果。

智能音箱是智能生活的入口。随着人工智能的迅猛发展，各种功能各异的智能音箱如雨后春笋一般出现，进入千家万户。从目前的市场发展状况来看，智能音箱有 4 个显著功能，如图 10–1 所示。

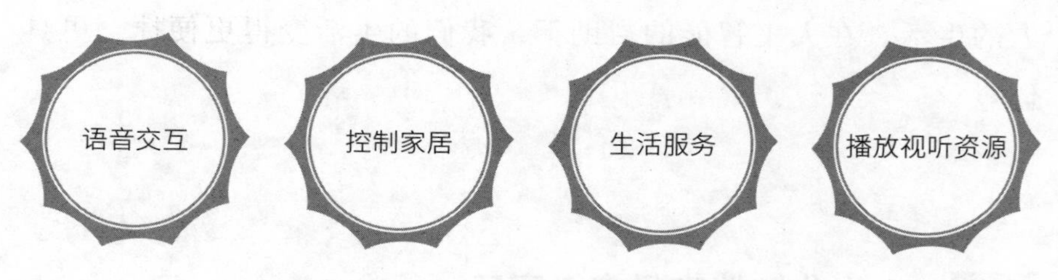

图 10-1 智能音箱的 4 个显著功能

语音交互是家庭化智能音箱的基础功能。人们可以借助智能音箱进行语音点歌，或者通过语言交流进行网上购物。这样的交互手段会大幅提升交流和购物的效率。从本质上来说，智能音箱的语言交互和 iPhone 的 Siri 功能一致。我们既可以向智能音箱寻求知识，也可以和智能音箱开玩笑，调节枯燥的生活。

控制家居是智能音箱的硬性功能。智能音箱类似于万能的语音遥控器，它能够有效控制智能家居设备。上午当室内光线太强时，我们告诉智能音箱让它微调一下智能窗帘，它就能够立即做到。冬天的夜晚，当室内的温度偏低时，智能音箱也会自动控制空调，使室内的温度适合人的作息。

生活服务是智能音箱的核心功能。借助智能音箱，人们可以迅速查询天气、查询新闻以及周边的各类美食与酒店服务。另外，智能音箱还提供一些实用的功能，如计算器功能、单位换算功能以及查询汽车限号功能等，这些功能都可以方便人们的生活。

播放视听资源则是智能音箱的娱乐功能。智能音箱借助互联网能够与各类视听 App 相连，我们能够以最快的速度了解到最新的资讯。如果我们要听好听的音乐，智能音箱也可以智能推送现在流行的音乐，或者根据我们的需求智能推荐曲风类似的歌曲。如果我们要获得有趣的内容，智能音箱也会立即为我们播放新鲜有趣的资讯。

小度在家是典型的家庭化智能音箱，这款智能音箱是由百度与小鱼在家联合推出的。它具有超强大的语音交互功能。我们在使用小度在家时，只需对它喊“小度、小度”，它就能够立即做出回应。这样的交流也非常有趣，会让我们感受到技术给生活带来的快乐享受。

小度在家的最大特色就是其富有人性化的设计。如今，生活节奏加快，年轻人大都过着朝九晚五的生活。他们在父母身边的时间越来越少，父母也在逐渐老去，这是一个令人痛苦的问题。为了生存与生活，年轻人必然要拿出大量的时间工作，陪伴父母的时间自然也会越来越少。小度在家的出现就能够帮助解决这一问题。

当年轻人在工作的时候，小度在家可以作为情感陪伴型机器人待在父母的身边。父母不爱听流行歌曲，偏爱戏曲，小度在家也可以为父母智能推荐高质量的戏曲。这能够减少父母的孤独感，更多地感觉到生活的快乐。

父母年纪越来越大，记忆力衰退在所难免。小度在家会及时地提醒他们，让他们带好出门必备的物品。例如父母在出门前，小度在家会提醒他们记得带钥匙，会提醒他们外面的天气状况，给父母带去更多关怀。

陪伴问题也是小度在家重点解决的问题。父母只需要讲“给儿子发送视频通话”，小度在家就会立即进行相关的操作。小度在家的屏幕较大，视频影像也很清晰，即使隔着千山万水，父母也能够与远方的儿女进行交流。

智能音箱的打造需要不断满足用户的真实需求与核心诉求，才能够真正成为智能生活领域的佼佼者。除了功能越来越完善外，智能音箱也更注重人们的情感需求，力求带给人们更多的情感关怀。多样的功能和温馨的情感关怀让智能音箱成了我们生活中的贴心小管家。

10.1.2 智能家居：技术提供便利生活

万物互联正在逐渐成为现实，智能家居也在5G、大数据、人工智能等技术的推动下获得迅猛发展，为人们带来了更加美好的生活体验。智能家居指的是“智能生活在家庭中的场景”，在生活上，除了家庭之外，还有场景与之相似，例如智能旅馆内的智能化客房。

智能化客房指的是客房将各种智能装置、家电与传感器联网，在电灯、电视、窗帘等装置中导入辨识技术为用户提供更便捷的服务。智能旅馆的智能化服务主要体现在两个方面。

在个性化服务方面，在预订旅馆时，用户可以在个人资料中设置房间的温度、亮度等，系统会在用户抵达之前调好。在情境方面，入住客房后，用户可以用智能音箱控制智能家居、灯光或设定闹钟，还可以自动调节水温或加满水等，在许多场景上都与家庭场景十分相似。

旺旺集团旗下的神旺酒店曾经与人工智能实验室达成合作，共同打造人工智能酒店。从智能音箱天猫精灵入手，神旺酒店可以提供以下服务。

1. 语音控制

用户可通过语音打开房间的窗帘、灯、电视等装置。

2. 客房服务

传统的总机电话服务功能将不复存在，用户可用语音查询酒店讯息、周边旅游信息或者自助点餐等。

3. 聊天陪伴

用户可以与天猫精灵有更多互动，天猫精灵可陪伴用户聊天、讲笑话等。未来天猫精灵还可能增加生活服务串接、产品采购等服务。天猫精灵的智能语音助理可以把用户的家庭生活体验与出行住房体验结合起来，为用户提供更加贴心的服务。

在技术的推动下，智能家居将向更广的范围延伸。未来，在酒店、汽车等与家庭相似的场景中，都会存在智能家居的身影。人工智能时代，智能家居的发展仍有无限可能，它可以充分解放人力，智能优化生活。

10.1.3　虚拟试衣间：真实的试衣体验

在人工智能技术未应用到生活中之前，许多虚拟场景都只存在于人们的想象中。现在，借助人工智能技术，人们可以看到虚拟的产品，甚至可以借助在虚拟试衣间中试衣，感受真实的试衣体验。以“试衣魔镜”为例，它可以让人们沉浸在虚拟的画面中，为人们营造一种身临其境的感觉。

“试衣魔镜”具有虚拟试衣、体形调整、图片分享等众多功能，可以帮助人们减少重复脱换衣服的麻烦。此外，“试衣魔镜”还可以让人们体验不同风格、不同款式、不同颜色的衣服。

“试衣魔镜”有 4 个特点。

首先，快速试衣。在“人体测量建模系统”的支持下，人们只要在“试衣魔镜”面前停留 3 到 5 秒钟，“试衣魔镜”就可以获得对方的人体 3D 模型以及详细精准的身材数据。而且这些数据还会被同步到“云 3D 服装定制系统”中。

其次，衣随人动。“试衣魔镜”能够以最快的速度将衣服穿在人们身上的效果展示在大屏幕上，人们可以立即直观地看出衣服是否合适自己。而且“试衣魔镜”会 360 度无死角地向人们展示试衣效果，带给人们新奇的试衣体验。

再次，智能换衣。人们站在“试衣魔镜”面前，只需要挥一挥手就能够自由地切换不同的衣服。之后，“试衣魔镜”会迅速展示穿好的效果。这种智能换衣的方法能够大幅提升换衣的效率，也能够让人们有更多的体验。

最后，试穿对比。不同的衣服会有不同的效果。但是人们往往优先选择最近试穿的衣服，而会较快忘记之前试穿的衣服。基于这一特点，“试衣魔镜”会自动保存穿好衣服后的高清图片。当人们难以选择时，它会展示出人们此前试衣的效果图片，帮助人们做出最好的选择。另外，人们还可以将图片分享到社交平台，满足人们喜欢分享的需求。

实际上，随着技术的不断升级，除了虚拟试衣间以外，虚拟偶像、虚拟旅游等也获得了迅猛发展。这些都是企业走向智能化、数字化的强大推动力。所以，对于想要转型的企业来说，必须要关注虚拟事物的落地应用。

10.1.4 智能监控：保障家庭安全

在家庭生活中，无论我们怎样防备，都会存在一些安全隐患，而智能监控系统会更有效地保障我们的生活安全。

智能监控系统不仅能够实现家居产品的智能控制，还能够进行全天候无死角的安防监控，从而有效保障人们的生命安全以及财产安全。一般来说，一套完善的智能监控系统有 4 项必备的功能，如图 10–2 所示。

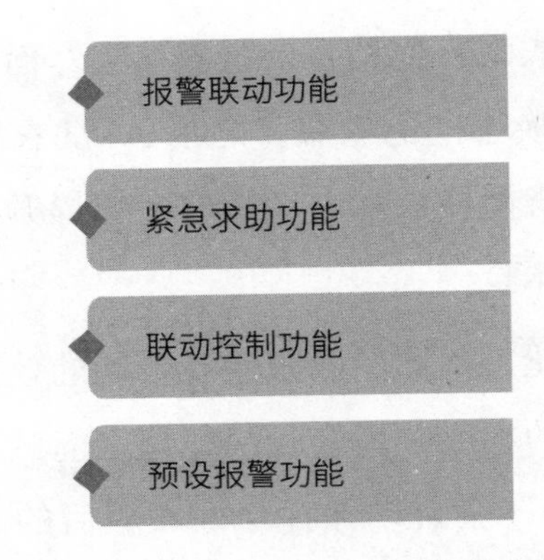

图 10-2 智能监控系统 4 项必备的功能

1. 报警联动功能

报警联动功能非常智能、实用。人们安装门磁、窗磁后，能够有效防止不法分子的入侵。因为房间内的报警控制器与门磁、窗磁有着智能连接，如果有异常的、不安全的状况，报警控制器就会智能启动警报，提醒人们注意。

2. 紧急求助功能

紧急求助功能有利于室内人员向外逃生。过去，特别是在晚上，如果室内出现煤气泄漏，会给人们带来很严重的灾难。人工智能时代，室内的报警控制器能够智能识别房间内安全隐患，并智能启动紧急呼叫功能，及时地向外界发出信号，请求救助，这样就能够将伤害降到最低。

3. 联动控制功能

联动控制功能就是智能切断家用电器的电源。当人们外出时，有时会忘记关掉某些电器的电源。例如有的人在外出时，会在电磁炉上烧一锅水，本来预计很快能够回来，但却因为有事情耽误了，这会导致很严重的后果。轻则会把水烧干，把锅烧坏；重则会发生严重的电泄漏情况，甚至会发生火灾。联动控制功能的设置则会有效避免这类事情，该功能可以智能断掉一切具有安全隐患的电源，使人们的家居生活更加安全。

4. 预设报警功能

预设报警功能就是直接拨打紧急求助电话进行报警。当家里的老人出现意外，需要紧急求助时，智能监控系统就会立即拨打 120。另外，如果有不法分子要入室抢劫，人们也可以通过预设报警功能直接拨打 110 进行报警。

当前，很多科技公司都推出了智能监控系统或智能监控产品，以保障人们的居家安全。例如，星智装就是典型的智能监控系统，该系统有许多智能设备，如智能门锁、智能摄像监控等。智能门锁可以智能识别户主的开门动作，同时，在人脸识别系统的技术支撑下，智能门锁会自动为户主打开房门，亮起屋内的灯，在保障家庭安全的同时也能够为人们提供更便捷的体验。

综上所述，智能监控系统已经成为人们的好帮手，能够全天候监控，360 度无死角巡航。而且监控画面清晰，能够充当家庭的智能侍卫。同时，智能监控系统还可以与手机相连，即使人们不在家，只要拿起手机，就能够随时看到家里的任何情况，可谓是“把家放在身边”。

10.2 多场景应用变革城市生活

除了人们的日常生活，人工智能技术还能够帮助人们建设城市。“城市大脑”能够智能规范城市管理，加强城市的数字化建设，人工智能监控系统可以应用于城市安防管理中，保障城市安全。此外，人工智能技术还可以应用于社区建设，打造智慧社区。这些都能够为人们提供更便捷、更舒适的生活体验。

10.2.1 “城市大脑”规划城市运行

当前，很多城市都在积极进行数字化城市的建设，这其中就离不开人工智能技术的助力。在进行数字化城市规划时，首先要得到对城市的有效感知，这是进行数字化城市建设的第一步。在过去的感知手段中，通常存在 3 个问题，如图 10–3 所示。

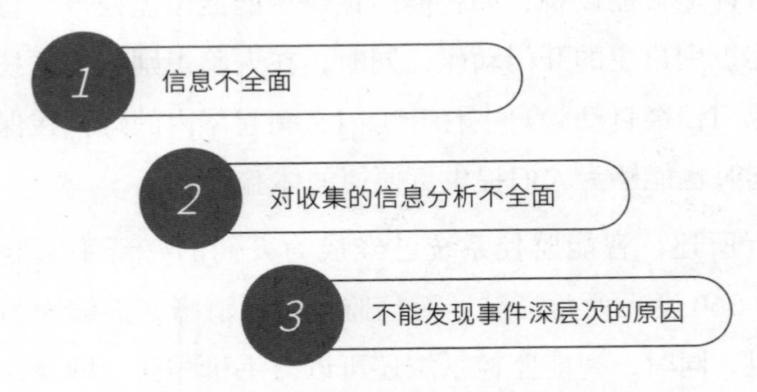

图 10-3 传统城市感知中存在的问题

信息不全面是因为感知硬件存在局限，收集的信息不全面；对收集的信息分析不全面是因为城市中的摄像头大部分不具有智能功能，对城市中发生的事件无法进行深入的感知；不能发现事件深层次的原因是因为无法实现对城市全局的视频信息进行综合分析。因此，为充分利用城市中的数据、打造智能城市，“城市大脑”应运而生。

例如，杭州市政府和企业联合打造杭州城市数据大脑，通过充分利用城市中时时刻刻产生的数据，为城市的管理、运行提供治理方案。

通俗来说，“城市大脑”是一座城市的人工智能中枢。利用人工智能技术，杭州的“城市大脑”可以对各个摄像头采集的城市信息进行全局实时分析，自动分配城市公共资源，在城市运行中提出解决方案，以此实现治理城市的目的。

以疏导交通为例，杭州的各大路口都安装了摄像头，成千上万个摄像头共同记录整个城市的路况信息。传统情况下，对路况信息的检测依靠交警，效率十分低。一旦出现交通事故，交警很难迅速找到最合适的疏导路线，往往会造成情况十分严重的拥堵现象。

在“城市大脑”的帮助下，交通图像的处理可以转交给机器。通过视觉处理技术，机器识别交通图像的准确率可以达到98%，完全可以替代低效的人工监看。当出现交通事故后，“城市大脑”能够迅速找出最优的疏导路线，并为救援车辆提供绿灯，方便救援工作及时进行。

在该系统的测试过程中，试点区域的交通堵塞时间降低了15.3%；在交通事故的报警率上，“城市大脑”日均报警500次以上，准确率高达92%，为执法出行提高指向性。另外，依据“城市大脑”，杭州交警支队也可以进行主城区的红绿灯调优，提高城市的交通效率。

值得注意的是，这份优秀的成绩是在原始硬件设施上产生的。也就是说，“城市大脑”仅仅是对现有数据进行分析和决策就实现了良好的管理效果。很显然，“城市大脑”进一步在数据中学习之后，将会变得更加智能，在城市管理决策中的表现也会更加准确。

10.2.2 为城市安防筑起铜墙铁壁

人工智能的迅速发展及其带来的各行业的智能化转变，使人们越来越意识到人工智能从各方面为社会带来的改变。除了规划城市运行外，人工智能还能在社会公共安全领域大有可为，为整个城市提供一张智能防护网。

在国务院2017年印发的《新一代人工智能发展规划》中曾明确提到，要“促进人工智能在公共安全领域的深度应用，推动构建公共安全智能化监测预警与控制体系”。这意味着人工智能在城市安防领域中的应用不仅有巨大的潜力，更有深刻的现实需求。

传统警务模式存在一些急需解决的痛点，如图10–4所示。

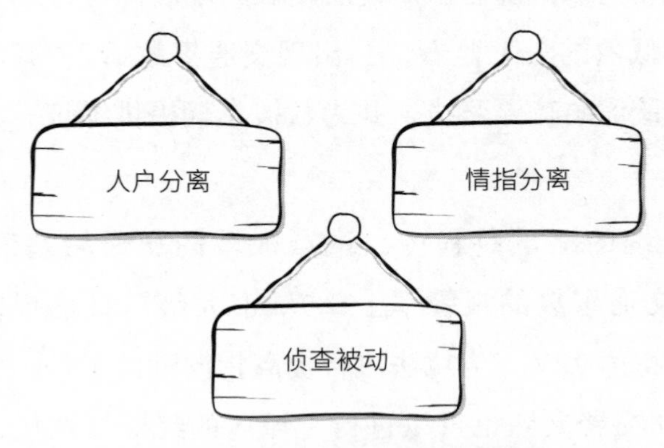

图10-4 传统警务模式中的痛点

1. 人户分离

在人口大幅流动的当下，随之而来的是居民和其户口登记地不在同一地区的现象，即“人户分离”。人户分离使户口信息出现滞后，给警务管理工作造成不利的影响，例如在出现案情后，警方无法根据户籍信息找到涉案人员。

2. 情指分离

情指分离是指在传统警务工作中，情报和指挥存在分离的现象。两者往往缺乏相应的联动机制，容易出现因信息交互不畅而造成警力资源浪费等问题。

3. 侦查被动

目前的警务工作依旧以事后取证为主，缺乏事前预防的能力。在犯罪活动日益动态化、暴力化和智能化的背景下，找到提高警务工作的事前预警能力的方法极为重要。

在大数据、人工智能等技术快速发展的背景下，改革警务模式成了当务之急。在《新一代人工智能发展规划》中，着重强调人工智能在安防领域中的应用，强调要“围绕社会综合治理、新型犯罪侦查、反恐等迫切需求，研发集成多种探测传感技术、视频图像信息分析识别技术、生物特征识别技术的智能安防与警用产品，建立智能化监测平台。加强对重点公共区域安防设备的智能化改造升级，支持有条件的社区或城市开展基于人工智能的公共安防区域示范”。

针对目前警务模式中的痛点，旷视公司推出智能安防解决方案，该智能安防解决方案结合旷视公司自主研发的人脸识别、车辆识别、行人识别和智能视频分析技术，具有“三预一体”的特点，即集网格化预防、智能化预警和大数据预测于一体。同时，该智能安防解决方案支持为安防部门提供立体化防控中典型场景的视频数据服务，其中包括社区管控、重点场所布控等场景。

利用各种感知终端，例如智能摄像机、智能安检门和智能执法记录仪等，旷视公司的智能安防解决方案能够全面采集社会数据，形成感知网络。在感知网络的基础上，该智能安防解决方案形成“一平台、多系统”的业务模型。其中，“一平台”是指智能警务调度中心，是一体化的合成作战平台；“多系统”是指根据不同的场景，该方案建立不同的解决方案，能够从网格化预防、智能化预警、大数据预测 3 个方面（即“三预一体”）解决现有的警务模式短板，如图 10–5 所示。

图 10-5 “三预一体”体系

1. 网格化预防

网格化预防策略体现在网格化的防控体系上。旷视公司针对社区管理的特点，建立智能视频查控系统、重点场所实名管控系统、电子信息侦控系统和人证在线核验系统“四位一体”的全面防控体系。在为网格管理人员提供支持和实时情报上，该网格化防控体系利用了动态布控和综合研判分析等技术。

2. 智能化预警

在智能化预警中，有两个主要系统：警用移动人像甄别系统和智能视频查控系统。警用移动人像甄别系统可以和多种警务终端融合，形成具有识别功能的移动警务终端，为警务人员现场确认人员身份等工作提供支持；智能视频查控系统用于一定开放空间中的人员监控，可以实现监控视频的实时分析和人员预警。

3. 大数据预测

通过智能化引擎和视频结构化技术，智能安防解决方案能够对各种感知终端收集的视频数据进行深度挖掘，建立大数据挖掘平台，为安防分析决策提供可靠的预警信息。

旷视公司智能安防解决方案的最终目标是“服务实战”，其成果十分喜人。比如旷视公司设计的人脸卡口项目曾帮助警方成功抓获百余名全国在逃人员，是全国第一个实战抓住在逃人员的人脸卡口项目；旷视公司设计的静态人脸识别项目曾在短短一天内破获多起行窃案件，不仅帮助警方成功抓获 5 名犯罪嫌疑人，还成功打掉一个犯罪团伙。

在旷视公司的智能安防解决方案中，核心算法针对安防场景的特点，对人脸、人形和车辆 3 个安防关键要素的分析采用智能加速引擎和 GPU 计算单元，实现最优搜索和匹配性能，即使在雾霾等恶劣天气也具有良好的识别性能。

在人工智能技术的融合下，旷视公司的智能安防解决方案达到“快、准、灵”的目标，给公共安防领域带来极大的便利。由此可见，在建设新型智慧城市、平安城市的道路上，智能安防也是主流趋势。

10.2.3 人工智能打造智慧社区

在构建智慧生活的诸多环节中，智慧社区的建设也是十分重要的一环。智慧城市委员会（Smart Cities Council）针对“智慧社区”提出3个核心价值观：宜居性、可行性和可持续性，如图10–6所示。

图10-6 智慧社区的核心价值观

1. 宜居性

宜居性是指社区生活的便捷舒适，包括生活环境清洁健康、无城市污染、无拥堵现象、城市服务即时可用等条件。

2. 可行性

可行性是指提供有利的基础设施（能源、基本服务等）的城市，能够在全球范围内参与竞争。

3. 可持续性

可持续性是指建设智慧社区的城市不影响人们子孙后代的发展。

智慧社区的发展是由“供”和“需”两方面决定的。在供应方面，数字设备的扩张为数字化智慧社区的建设提供坚实的数据基础；在需求方面，随着人们生活水平的提高，人们越来越追求更加安全、智能的生活环境，智慧社区成为现实需求。

随着人工智能技术的发展，人工智能和智慧社区的融合也渐渐有了实际应用，智慧社区的建设初见成效。下面分享几个城市建设智能社区的案例。

2018 年 4 月，在合肥，通过试点先行、智慧管理、打造品牌等措施，“智慧社区”的建设水平有了较大的提升。在全市选取的 5 个社区试点单位中，使用 App 注册的人群已经超过 3000 人，发布的社区重大新闻超过百次。

在重庆，市规划局和市勘测院联合推出的智慧社区综合信息服务平台为人们带来一张三维地图。该三维地图将社区治理的各项信息都整合在一起，既能实现精细化的社区管理，也能给居民的日常生活带去便利。该三维地图结合大数据，实现了社区的智能化管理。

在杭州，萧山相墅花园小区充分利用大数据、物联网、人工智能等多项高科技，建设了首个“8+N”智慧社区，大大降低了该小区原本存在的各种安全隐患。

在建设智慧社区的过程中，人工智能技术为居民生活的各个方面都带来便利，其中安防系统的建设就是突出代表。智慧眼利用人工智能领域中的人脸识别、指静脉识别、智能视觉技术等，为智慧社区构建了 5 个智能安防系统，如表 10–1 所示。

表 10-1 智慧眼的 5 个安防系统

系统名称	功能
社区大门智能门禁系统	利用人脸识别和指静脉识别技术，为居民构建双重生物识别安全保障； 把社区居民的人脸或指静脉信息录入系统，在居民进出社区大门时，智能门禁终端就可进行人脸识别或者指静脉识别，便捷又安全； 对于外来访客人员，可以进行个人身份验证，并将数据上传至社区安防数据系统，与公安部门的黑名单库对接，实现对不法分子的及时预警
居民楼单元门可视对讲门禁系统	利用人脸识别和指静脉识别技术，居民就可以自由出入单元门，外人则不能，安全系数大大提高； 实现单元门可视对讲，方便来访者的活动和居民对来访者的核查，也方便居民呼叫物业管理人员
指静脉智能门锁	具备极高的识别精度、超高的防伪性，克服传统的钥匙、IC 卡忘带或者丢失的隐患，也克服普通密码锁密码遗忘、指纹锁被盗取复制的风险
社区公共场合智能视频监控系统	采用先进的智能视觉技术，能够对社区各个角落进行全景式监控和数据采集分析； 将所有采集到的数据上传到人工智能服务器，对监控录像进行视频结构化处理，构建社区大数据平台，形成社区“大脑”，为智慧社区的构建提供全方位的智能化大数据支持
社区停车场车辆管理系统	具备车牌识别和车辆特征识别等功能，智能识别业主的车辆，也能识别预先登记的访客车辆，并将访客信息推送到居民家中； 能够对社区中的常驻车辆和临时车辆进行区分，做到合法顺畅出入、非法有效阻止

在建设智慧社区的过程中，人工智能技术能够起到重要作用。利用视觉技术、数据处理技术等，人工智能能够助力打造智慧社区生态产业链。在智慧社区的建设中，许多地区和企业都做出示范性的工作，而且也都取得了一定的成绩。当然，随着技术的进一步发展，智慧社区的未来一定更值得期待。

第 11 章

未来展望：人工智能下的未来生活

目前，人工智能已经成为炙手可热的行业之一，也已经融入人们生活的方方面面，提高了人们的生活水平、驱动了各个行业的发展和进步。那么，人工智能的未来是什么样的呢？人工智能时代企业应该何去何从呢？

11.1 未来，人工智能何去何从

人工智能引发了一场新的科技革命，而这场变革则由数据、计算力和算法 3 个核心要素所驱动。其中，智能物联网设备产生数据，计算力则来自超级计算机、云计算等技术的支撑，再加上深度学习的算法进步，足以让企业在各个领域、各个行业的经验与流程快速积累和掌握，进而使企业的业务流程变得更加智能。人工智能的未来如何？大体来讲，人工智能将从终端控制与应用场景多元化的发展中，合力将人们推向一个智能化的新时代。

11.1.1 云端控制向终端化过渡

如今，人们对生活安全的要求越来越高，特别是智能识别个人信息等方面的应用。多年来，我国一直利用人工智技术将文字、图像采集工作与市场需求相结合，推出了护照识别、证件识别等云端识别技术。以证件识别云端举例说明，它是目前我国公务处理中调用最多的识别服务之一，可快速精准识别身份证、驾驶证等多种有效证件。

人工智能拥有着识别率高、识别速度快等多种优势，并且由于其采取排队等待识别的制度，还可以多个进程同时调用，使操作人员更加方便、灵活地调用，提高业务人员的工作效率。

但随着科学技术的快速发展，人工智能也正在舍弃云端控制，逐渐走向终端化。所谓人工智能终端化，就是将人工智能算法用于智能手机、汽车、衣服等终端设备上。在政策、市场等多重利好因素的影响下，人工智能推动着传统行业迎来全新的变革，也与多个领域相融合。我们以移动智能终端与可穿戴智能终端举例，说明人工智能技术在不同领域的实践之路。

1. 移动智能终端

无论是通用技术还是高端科技，没有应用的场景是无价值的。对于人工智能而言，它的价值量就非常高，因为它涵盖的细分领域广泛，不仅涉足工业、农业、商业领域，而且有与人们生活密切相关的移动智能终端领域。

其中，智能手机是目前人类社会使用范围最广的移动终端之一，所以人工智能技术在这一领域的渗透拥有巨大的市场前景。况且，移动通信技术与社会、经济发展息息相关，人工智能技术在移动智能终端的应用也受到了高度关注。

在人工智能技术崛起之前，传统智能手机只是在功能方面相对丰富，但这并不算是智能。但在人工智能技术的助力下，真正的智能手机出现在大众的视野里，并成为人工智能应用的主要场景。在智能手机领域里，人脸识别、指纹识别等技术的应用最为常见。借由人脸识别技术，智能手机领域在移动支付、身份验证、密码保护等方面的应用得到了跨越式的提升。

另外，汽车也属于移动智能终端之一。在国家发展和改革委员会曾颁布的《智能汽车创新发展战略》中，为汽车智能化发展确立了目标与流程。由此可见，车载智能终端产品的研发与应用也成为人工智能的主要应用领域。

总体来讲，新型智能手机与车载智能终端是移动智能终端领域的两大主线产品，也是人工智能技术应用的主要场景。

2. 可穿戴智能终端

移动智能终端主要为人们的社交、工作以及出行服务，可穿戴智能终端则将重点放在人们日常的休闲娱乐中。基于人工智能技术的支撑，可穿戴智能终端产品也逐渐被研发出来，例如在日常生活中的智能手表、智能眼镜等，在医学领域的康复机器人、外骨骼机器人等。

在可穿戴智能终端的发展历程中，人工智能技术在智能手表、智能眼镜、机器人等产品中的应用，远没有在移动智能设备中那么完整。这些可穿戴智能终端在产品设计与售后服务方面都还拥有很大的提升空间，其商业模式也亟须完善。

因此，在可穿戴智能终端领域，我国还需要进一步寻找人工智能技术为其支撑的最佳路径，以充分发挥两者的应用价值与优势。在国务院颁布的《新一代人工智能发展规划》中明确提出，国家将释放多项红利政策来鼓励企业开发可穿戴智能终端产品，以推动我国人工智能的发展。

所以，面向未来的 20 年，人工智能的商业进程将不断加快，我国人工智能技术的发展与应用将会更加完善，围绕人工智能技术所展开的竞争也会更加激烈。作为人工智能的重要应用场景，智能终端产业的重要程度将不断提升，企业、国家的重心将从云端控制逐渐向终端转变。

11.1.2 应用场景越来越多元化

在人工智能技术的发展进程中，其发展重心不是一成不变的，而是由最初对技术的钻研到现阶段的对商业模式的探寻的转变。由此可见，人工智能也已经成为现阶段产业变革的核心驱动力，成为各国争先竞争的制胜点。

人工智能技术的应用正在如火如荼地进行中，下面我们从 3 个实际案例中，感受人工智能应用场景多元化的发展。

1. 汇丰银行引入人工智能以防止金融犯罪

经统计，在过去 10 年里，仅在英国，其银行领域每年就需消耗 50 亿英镑（折合人民币约 444 亿元）来打击金融犯罪。因此，相关部门发布消息称，汇丰银行正计划通过人工智能技术来抵御诈骗、抢劫等金融犯罪的发生。通过人工智能技术的支撑，银行在处理相关问题时效率明显提升，并且与人工处理相比，成本也在降低。

2. 微软用人工智能帮助航运业网络运营升级

据报道，微软亚洲研究院与东方海外航运展开了合作计划。他们通过对人工智能的研究，改善了航运行业的网络运营，加快了其业务的转型升级。

微软方面表示："正常来讲，微软成熟的人工智能应用是将技术、商业模式与用户体验相融合。但是在航运网络运营的应用中，微软不熟悉的领域，对我们来讲也是不小的挑战。因此，双方将携手合作，运用深度学习和强化落实技术，优化现有的航运操作。"

航运方面表示："我们希望通过与微软的紧密合作，利用人工智能与创新科技，推动航运业实现升级转型，并为我国的顶尖技术人员搭建交流平台，借助先进技术及预测分析满足人们的需求。"

3. IBM 人工智能显微镜

IBM 曾研发出了一款人工智能显微镜，它可以帮助研究人员通过观察海水中的浮游生物来监控海洋水资源与质量。水资源对人类的生存至关重要，所以该小型自主人工智能显微镜在世界各地都大受欢迎。在不久的将来，它会通过云中联网部署到全球各地，持续对水资源进行监测，从而帮助人类预测水资源方面所面临的威胁。

未来，一定会有与之相似的高科技产品的出现。它们将借助高性能、低成本的人工智能技术实现各个领域数据的分析和解读，实时报告任何异常与预测，并及时采取应对措施，为人类的安全生活保驾护航。

可见，在生活中的各个领域、各个行业的场景中，人工智能都在不断地参与到其中。人们也能切实地感受到人工智能所带来的高效与便捷。因此，人工智能在与各行各业的快速融合进程中，助力了行业多元化、智能化的转型升级，在全球范围内引发全新的产业浪潮。

11.1.3 大数据向小数据过渡

人们即将迎接的是数据合成时代。目前，许多公司没有看到它们对大数据项目进行投资带来的回报。而人工智能则正可以为这些数据项目提供商业案例，并且利用人工智能这个新工具，使数字项目的价值凸显出来。

之前，由于人工智能学习曲线陡峭、技术工具不成熟等因素，导致很多企业与大数据项目脱节。所以在日渐激烈的竞争环境中，这些企业面临着更大的挑战。

现在，随着人工智能的实用性加深和应用场景的成熟，一些企业正在重新思考它们在数据层面的战略。它们开始讨论正确的决策方向，例如，如何才能使企业的流程更有效率、如何才能实现数据提取的自动化等。

至此，尽管在人工智能发展的进程中，一些企业在数据方面取得了一些进步，但它们仍面临着诸多挑战。例如，很多类型的人工智能需要大量标准化的数据，并且还要把偏差和异常的数据“清除”掉，才能保证输出的结果不存在不完整或有偏见的数据。而这些数据也必须足够具体才能有用，但在个人隐私保护得足够好的环境下，足够具体的数据又很难收集。

银行业务流程就是一个典型的例子。在一家银行里，各个业务线都有自己的客户数据集，其中不同部门的数据格式也不尽相同。但要想让人工智能系统识别出提供最多利润的客户，并为如何找到更多这样的客户提供建议的话，系统需要以标准化的、无偏见的形式访问各业务线和各部门的数据。

所以，银行收集的数据不应该被清理掉。因为这些数据意义重大，银行完全可以通过数据的合成，使银行的利润最大化，让业务流程更加科学严谨。

综上所述，企业内部数据对于人工智能与其他创新科技来说意义非凡。但随着数据采集的发展，市场中诞生了第三方供应商，它们会更多地采集公共数据资源，将其合成数据库，为各个企业使用人工智能打好数据基础。

随着数据变得更有价值，合成数据等各种加强型数据学习技术的发展速度会越来越快。在未来，人工智能的发展可能不需要再费时费力采集大量的数据，只需要将原有的合成数据加上精确的算法就可以达成目标。

11.2 人工智能时代，企业何去何从

在这个科技高速发展的时代，人工智能重建着各个领域的商业模式，也渗透到人们的日常生活中，例如制造业、银行业、医疗业等。人工智能是对人类的思维方式的模拟，企业在发展过程中，逐渐开始受到人工智能的影响与颠覆。

传统企业在人工时代取胜的关键因素就是绩效。随着人工智能的出现，它将会给企业对绩效的制定与落实带来更高的要求。所以，在人工智能时代，企业的智能化、数字化转型是必要的。

11.2.1 加大对智能定制芯片的研发

传统企业要想转型，离不开智能定制芯片的研究。我们以家电企业格兰仕为例，来介绍传统企业是如何在人工智能时代依靠智能定制芯片占据市场细分的。

随着人工智能的兴起，家电市场对智能定制芯片的需求量也大幅增加。要想创新发展，家电企业需要更加重视芯片技术开发与软件技术开发的协同前进。前者为后者的智能化生产提供市场保障，而后者为前者提供技术支持。

格兰仕是一家在家电领域排名世界级的企业，它在我国广东地区拥有国际领先的微波炉、空调等家电研究和制造中心。比如格兰仕推出物联网芯片，并将它配置于其 16 款产品中。此项举措标志着格兰仕着手传统制造的转型升级，正式向智能家电企业、向更有前景的智能领域迈进。

格兰仕对待智能领域的态度是，在智能物联网时代，它们不会以电脑、手机等通信设备的芯片为中心，而要创造新的技术架构。所以，格兰仕选择与一家智能芯片制造企业合作，为格兰仕家电设计出了一套专用的高性能、低功耗、低成本的芯片。据介绍，它们所创造出来的新架构，在相同的制程下，比英特尔、ARM架构芯片速度更快、能效更高。

格兰仕的高管曾在采访中表示，他们开发的专属芯片，不只适用于各种家电场景，还可用于服务器。由此，格兰仕就可以创造出格兰仕家电特有的生态系统，让家电更加高效、安全、便捷地实现智能化。

以上步骤意味着格兰仕实现了从传统制造向智能化转型的第一个台阶。要全面实现智能化企业的转型，格兰仕还需要再加强软件方面的探索。为此，格兰仕与一家德国企业进行了边缘技术方面的合作，将芯片与软件协作控制的人工智能应用到家电产品中。从实践中看，相比于云计算，格兰仕的边缘计算更接近智能终端，其数据计算安全性与效率相对来说都比较高。

未来，由于市场竞争的越发激烈，为了占领更多的市场细分，格兰仕透露，将在其计算服务云中部署大型人工智能系统。争取在同一个平台上完成对生产、销售、售后服务等全面管理，实现从“制造”到“智造”的转变，加速企业利润的快速增长。

然而要研发出智能定制芯片这种精细部件，不仅需要企业拥有强大的资本，更需要技术与时间积累。对我国传统制造企业来讲，大家在智能化转型的道路上还有很多挑战需要面对。

11.2.2 建立数据优势，提升竞争力

传统企业想要通过数据层面进行智能化转型，需要掌握好一手数据源。从我国注重发展科技浪潮开始，人工智能领域就逐渐走向了科技发展的前沿地带，引领着我国各个行业、领域的发展趋势。其中，在人工智能领域中，大数据的地位更应该引起业内人士对未来的思考和尝试。

一位金融领域的专家曾经提到，“人工智能的关键是有效的数据源，其次是算法，再往后端一点是应用”。的确，目前我国人工智能的发展在应用端很有优势，其应用场景与数据采集空间相对较多。但我国在算法以及关键数据源层面却有很多的成长空间。

所以，我国传统企业要想在人工智能转型升级的竞争中处于领先地位，首先要做的就是发展技术和数据。以技术为切入点，掌握好数据源，提升竞争力。

在人工智能领域的“厮杀”中，如何提升竞争力？我国的大数据应用又起到什么样的作用？这两个问题就需要从人工智能的各个细分市场介绍。

每当人们谈到人工智能，首先想到的一定是机器人与无人机。但殊不知，在业内研究人员看来，人工智能目前已经参与到了智慧交通、无人驾驶、智慧电厂、智慧医疗、智慧金融等诸多领域。无论是其中哪个领域，都有一个共同而基础的需求——稳定的大数据基础。

在人工智能的基础层中，主要分为 3 个部分——芯片、算法和大数据。芯片与算法的重要程度自然不用多说，而大数据从某种角度来说，就是发展出高阶形态的人工智能前身，这也同样意味

着企业的竞争能力就是建立在对大数据的掌控能力基础上形成的。

一家知名数据工具企业——神策数据的创始人桑文峰在其书中提出："如果数据出现偏差，人工智能发展方向就会被'误入歧途'。"所以，掌握数据源以及与提供精准的数据分析企业合作，成了传统企业进入人工智能领域的必然选择。与数据工具企业合作的目的有两方面，首先，就是要奠定企业数据的基础，避免因数据处理不清晰使企业发展路径出现偏差。其次，数据工具企业可以为人工智能企业提供丰富的应用场景，让人工智能带来的价值不再是空谈。

企业要掌握一手的数据源，最重要的就是要注重以下几个关键环节的落实。

一是在收集数据时注重全面性与时效性。

二是在分析和采用数据时要注重数据的准确性与有效性。

三是在数据量上下浮动时应注意及时应对。

四是在采集数据时注重客户的隐私和数据安全。

以上就是在人工智能时代，传统企业如何通过掌握一手数据资源，提升企业竞争力的内容。

11.2.3　搭建框架，对人工智能做出解释

在对人工智能领域深入探索的同时，在人们心底始终会有一个顾虑——人工智能的失控。虽然从目前来看，人工智能还在人们的掌控范围内。但人工智能出现过令人费解的行为，才是真正的危险所在，这也同样导致了领导者和消费者对其保持谨慎的态度。所

以，企业在研究人工智能时必须要打开它的“黑匣子”，使其能够被解释，能够被人理解。

要想在真正意义上对人工智能作出解释，企业需要建立一套完整评估业务内容、业绩标准与声誉评价问题的框架。因为这些因素全都决定着人工智能的解释程度。

在很多科幻、惊悚电影的情节中，人工智能常常被渲染出一股神秘又恐怖的色彩。例如，人工智能凭自己的思想制作生化武器、人工智能不受控制并想驱逐人类等。但现阶段，存在着一个很多人工智能热爱者不愿提及的现状——至少现在的人工智能并没有想象中的那么“聪明”。

举例说明，经过这么多年的发展，在发展前期，人工智能可以帮助企业做出简单的图像识别，或是将复杂、烦琐的工作自动化；可以帮助人们在决策方面做出最优选择。以下围棋为例，在前期，开发者只有给人工智能程序提供大量的历史数据才能让它学会下围棋。但现在，开发者只需要向人工智能提供游戏规则，它就能在几个小时里熟练掌握规则并所向披靡。

在这里，人们不禁会思考：人工智能的决策力高于人脑会不会让以上恐怖幻想成为现实？其实并没有，人工智能“不够聪明”的点就在于它依然只能遵循人类设计的规则。如果开发人员给予其适当的设计，人们就完全可以安全地使用其能力。

尽管人工智能目前在人类控制范围内，但它却常常不被理解。有两种原因导致这种情况的产生：一是人工智能算法超出了人类的理解范畴；二是人工智能制造商对它们的项目进行保密。所以，在这两种情况下，当人工智能顺利运作或作出决策时，在用户眼里它依旧是一个“黑匣子”，因为无法理解它的工作原理所以用户无法从根本上信任它。人工智能可能会因为不信任的问题，从而限制了它的运用。

所以，在人工智能时代，企业要想成功运用人工智能技术实现数字化、智能化转型升级，就必须做到以下几点。

1. 打开“黑匣子”

调查显示，未来企业将面临来自用户或合作者的监察压力。所以，企业需要打开人工智能的“黑匣子”，加大其工作流程及算法的透明度，甚至是公开制造商之间的开发机密。同时，也需要那些发展人工智能的企业深入学习新技术，并帮助用户理解人工智能算法等概念。

2. 权衡利益

企业在给人工智能做出合理解释的时候，付出的代价和获得的收益是双向的。在对人工智能系统的每个工作环节都进行记录和说明时，企业需要付出的代价就是效率会减少、成本会上升；而获得的收益就是该人工智能系统获得用户、投资人等利益相关者的充分的信任，减少了市场风险。

3. 建立关于人工智能解释能力的框架

关于人工智能的可解释性、透明度和可证明性是存在一个范围的。企业如果能建立一套完整评估业务内容、业绩标准与声誉评价问题的框架，就可以使其在一定的范围内做出最优的决策。

综上所述，人类在人工智能研发与掌控的道路上有困难，同时也有很大的机遇。希望在未来，在安全可靠的基础上，利用人工智能技术能给人们的日常生活带来更多的便利与享受。